THERMAL MEASUREMENT QUESTION BANK
FOR POWER GENERATION ENTERPRISES

发电企业
热工计量题库

华电电力科学研究院有限公司　编

中国电力出版社
CHINA ELECTRIC POWER PRESS

内容简介

本书结合发电企业实验室热工计量工作实际，分为计量基础、温度计量、压力计量三个部分，涵盖计量法律法规、计量基础知识、检定规程、不确定度评定、设备维护及常见故障处理等内容，包括单选题、多选题、判断题、填空题、简答题等五类题型。

本书可供发电企业热工计量人员专业技能培训及能力水平测试使用。

图书在版编目（CIP）数据

发电企业热工计量题库/华电电力科学研究院有限公司编．—北京：中国电力出版社，2021.10

ISBN 978-7-5198-5900-8

Ⅰ．①发…　Ⅱ．①华…　Ⅲ．①发电厂－热力系统－热工测量－岗位培训－习题集　Ⅳ．①TM621.4-44

中国版本图书馆CIP数据核字（2021）第160827号

出版发行：中国电力出版社
地　　址：北京市东城区北京站西街19号（邮政编码100005）
网　　址：http://www.cepp.sgcc.com.cn
责任编辑：赵鸣志（010-63412385）
责任校对：黄　蓓　马　宁
装帧设计：赵丽媛
责任印制：吴　迪

印　　刷：三河市万龙印装有限公司
版　　次：2021年10月第一版
印　　次：2021年10月北京第一次印刷
开　　本：880毫米×1230毫米　32开本
印　　张：6.25
字　　数：164千字
印　　数：0001—1500册
定　　价：30.00元

《发电企业热工计量题库》

编　委　会

前言

Preface

在电力生产中，热工仪表是整个控制系统的重要组成部分，通过监测大量热工参数，能够及时反映各类设备运行状况，确保设备安全经济运行。随着电厂设备向大容量、高参数方向发展，电厂自动化水平日益提高，对热工仪表准确性和可靠性提出更高的要求，热工计量作为保障热工仪表准确可靠的重要技术手段，其重要性愈加凸显。

本书结合发电企业实验室热工计量工作，选择具有代表性和实用性的内容，侧重热工计量人员普遍面临和关注的问题，共分为计量基础、温度计量、压力计量三个部分，内容涵盖了计量法律法规、计量基础知识、检定规程、不确定度评定、设备维护及常见故障处理等内容，设置了单选题、多选题、判断题、填空题、简答题等五类题型。

由于编写人员水平有限及编写时间所限，书中难免存在疏漏，敬请读者批评指正。

编 者

2021 年 5 月

目 录

Contents

前言

一、计量基础……1
（一）单选题……1
（二）多选题……28
（三）判断题……40
（四）填空题……46
（五）简答题……52
二、温度计量……71
（一）单选题……71
（二）多选题……92
（三）判断题……101
（四）填空题……108
（五）简答题……114
三、压力计量……133
（一）单选题……133
（二）多选题……152
（三）判断题……160
（四）填空题……166
（五）简答题……174

一、计量基础

（一）单选题

1.《中华人民共和国计量法》（中华人民共和国主席令第 **16** 号）是国家管理计量工作的根本法，下列说法中，（ **B** ）不属于其基本内容。

（A）计量立法宗旨　　（B）家庭用计量器具管理

（C）计量纠纷的处理　　（D）调整范围

2. 进口计量器具必须经（ **A** ）型式批准后，方可销售。

（A）省级以上人民政府计量行政部门

（B）县级以上人民政府计量行政部门

（C）国务院计量行政部门

（D）国务院国家安全部门

3. 强制检定的计量器具是指（ **C** ）。

（A）强制检定的计量标准

（B）强制检定的工作计量器具

（C）强制检定的计量标准和强制检定的工作计量器具

（D）依法管理的计量器具

4. 对社会上实施计量监督具有公正作用的计量标准是（ **B** ）。

（A）部门建立的最高计量标准

（B）社会公用计量标准

（C）事业单位建立的最高计量标准

（D）企业建立的最高计量标准

5. 国家法定计量检定机构是指（C）。

（A）有权或被授权执行强制检定的计量检定机构

（B）按隶属关系进行计量传递的上级计量检定机构

（C）县级以上人民政府计量行政部门依法设置的检定机构或被授权的专业性或区域性计量检定机构

（D）以上都不是

6. 计量标准经负责考核的单位认定考核合格的，由（A）审查或发给计量标准考核证书，并确定有效期。

（A）主持考核的单位　（B）组织考核的单位

（C）上级领导机关　（D）本单位

7. 计量器具在检定周期抽检不合格的应（D）。

（A）由检定单位出具检定证书

（B）由检定单位出具检定结果通知书

（C）由检定单位出具测试结果通知书

（D）注销原检定证书或检定合格印、证

8. 计量标准器具是指（C）。

（A）标准低于计量基准的计量器具

（B）用以检定其他计量标准的计量器具

（C）准确度低于计量基准、用于检定其他计量标准或工作计量器具

（D）准确度低于计量基准的计量器具

9. 对计量标准考核的目的是（B）。

（A）确认准确度

（B）确认其开展量值传递的资格

（C）评定其计量性能

（D）对其稳定性进行考核

10. 检定的依据是按法定程序审批公布的（ **C** ）。

（A）计量检定方法　　（B）计量操作规程

（C）计量检定规程　　（D）计量行政法规

11. 因特殊需要，申请进口非法定计量单位的计量器具和国务院禁止使用的其他计量器具，须经（ **A** ）批准。

（A）国务院计量行政部门

（B）省级人民政府计量行政部门

（C）国务院有关主管部门

（D）国家有关安全部门

12. 法定计量单位是由（ **B** ）承认、具有法定地位的计量单位。

（A）国家政策　　（B）国家法律

（C）政府机关　　（D）政府计量行政主管部门

13. 检定一台准确度等级为 **2.5** 级、上限为 **100A** 的电流表，发现在 **50A** 的示值误差为 **2A**，且为各被检示值中最大，所以该电流表检定结果引用误差不大于（ **D** ）

（A）–2.5%　　（B）–2%

（C）+4%　　（D）+2%

14. 国际单位制是在（ **B** ）的基础上发展起来的一种一贯单位制。

（A）基本单位　　（B）米制

（C）长度单位制　　（D）导出单位

15. 我国法定计量单位的主体是（**C**）单位。

（A）SI 基本　　（B）SI 导出

（C）SI　　（D）非 SI

16. **SI** 导出单位是用 **SI** 基本单位以（**B**）形式表示的单位。

（A）运算　　（B）代数

（C）计算　　（D）数字

17. 热和能的单位“焦”用 **SI** 基本单位表示时应为（**C**）。

（A）$kg \cdot m/s^2$　　（B）N/m^2

（C）$N \cdot m$　　（D）J/S

18. 单位符号 $\mathbf{m^2/s}$，用于表示运动黏度时，名称为（**B**）。

（A）二次方米秒　　（B）二次方米每秒

（C）平方米每秒　　（D）平方米秒

19. 当 $\mathbf{m^2/s}$ 用于表示覆盖速率时，名称为（**C**）。

（A）二次方米秒　　（B）二次方米每秒

（C）平方米每秒　　（D）平方米秒

20. 法定计量单位的名称，一般指法定计量单位的（**A**）。

（A）中文名称　　（B）英文名称

（C）希腊字母　　（D）拉丁字母

21. 法定计量单位和词头的符号，单位符号一般为小写字母，只有单位名称来源于（**D**）时，其符号的第一个字母大写。

（A）中文名　　（B）拉丁字母

（C）希腊字母　　（D）人名

22. 下列关于力矩单位的表示中，(**D**) 是错误的。

(A) N·m (B) Nm

(C) 牛·米 (D) 牛米

23. 下列单位符号的表达方式中，(**A**) 是正确的。

(A) W/(K·m) (B) W/K/m

(C) W/K·m (D) W/(K·m)$^{-1}$

24. "16℃" 的正确读法是 (**C**)。

(A) 摄氏 16 度 (B) 16 度

(C) 16 摄氏度 (D) 热度 16

25. 1μs 等于 (**B**)。

(A) 1×10^{6}s (B) 1×10^{-6}s

(C) 1×10^{-9}s (D) 1×10^{-3} s

26. (**C**) 是以确定量值为目的的一组操作。

(A) 计量 (B) 测试 (C) 测量 (D) 检定

27. 企业中的实用计量属于 (**B**)。

(A) 科学计量 (B) 工程计量

(C) 法制计量 (D) 计量管理

28. 下列不可能被测量的是 (**D**)。

(A) 化学量 (B) 生物量

(C) 血压 (D) 影响量

29. 下列关于测量不确定度与测量误差的说法中，不正确的是 (**B**)。

(A) 测量不确定度与测量误差都是描述测量结果的量

（B）测量不确定度与真值和测量结果有关

（C）测量不确定度与人们对被测量和影响量及测量过程的认识有关

（D）测量误差按性质可分为随机误差和系统误差两类，都是理想的概念

30.（**B**）是指“在测量标准相互比较中用作媒介的测量标准”。

（A）参考标准　　（B）传递标准

（C）搬运式标准　　（D）计量标准

31. 有一支带有 **0**℃±**1**℃示值，刻度范围为 **250**℃～**300**℃的二等标准水银温度计，其 **0**℃～**250**℃之间为中断区，这个范围无刻度。试问其量程为（**D**）。

（A）−1℃～300℃　　（B）52℃

（C）20℃和 52℃　　（D）50℃

32. 以下计量器具中，（**D**）不是实物量具。

（A）注射器　　（B）钢卷尺

（C）铁路计量油罐车　　（D）卡尺

33. 下列关于标准物质的说法中，不正确的是（**C**）。

（A）标准物质可以校准测量装置、评价测量方法或给材料赋值

（B）标准物质可以是混合的气体、液体

（C）标准物质分为一、二、三级

（D）标准物质是量值传递的一种重要手段

34. 期间核查是（**B**）。

（A）在检定周期内对计量标准进行检定或校准

（B）为了保证计量标准保持其检定、校准状态的可信度

（C）正常的检定、校准工作

（D）质量控制

35. 下列属于质量体系文件的是（**A**）。

（A）作业指导书　（B）人事管理制度

（C）月出勤报表　（D）设备使用手册

36. 开展现场检定、校准、检测时应注意安全，下列说法中不正确的是（**C**）。

（A）了解现场的安全规定

（B）现场休息时注意设备的安全，及时收起容易丢失的物件

（C）不需要完全按照规程，快速检定，迅速撤离

（D）遵守现场的安全规定，在规定的区域通行和作业

37. 检定一个标称值为 **100Ω** 的标准电阻，上级给出其实际值为 **100.04Ω**，则其（**C**）为 **0.04Ω**。

（A）示值误差　（B）真值

（C）修正值　（D）最大允许误差

38. 用一台时间间隔分析仪测量一根电缆的延时量，将电缆接在时间间隔分析仪的通道 **A** 和通道 **B** 之间，第一次读取通道 **A** 到通道 **B** 的延时量为 **52.8ns**，第二次读取通道 **B** 到通道 **A** 的延时量为 **47.6ns**，则被测电缆延时量的最佳估计值为（**B**）

（A）100.4ns　（B）50.2ns

（C）5.2ns　（D）2.6ns

39. 用数字电压表测量电压时，为了减少测量的随机误差，可采用的方法为（**A**）。

（A）增加测量次数，取多次测量的算术平均值作为测量结果

（B）用数字电压表校准值对测量结果进行修正

（C）两名测量人员共同读取电压表的示值

（D）用对称测时法进行测量

40. 校准某一电阻测量仪时，用电阻测量仪测量标准电阻箱的标称值为 **10Ω** 的电阻（其校准值为 **9.987Ω**），电阻测量仪示值为 **10.01Ω**，则电阻测量仪此点的示值误差和修正值分别是（**D**）。

（A）0.01Ω，－0.01Ω　　（B）－0.02Ω，0.02Ω

（C）－0.01Ω，0.01Ω　　（D）0.02Ω，－0.02Ω

41. 工厂计量室对某工件的质量进行了 **10** 次测量，测得值分别为 **400.11g，400.12g，400.08g，400.09g，400.11g，400.12g，400.11g，400.10g，400.07g，400.13g**，用贝塞尔公式计算出单次测得值的实验标准偏差为（**B**）。

（A）0.06g　　（B）0.019g

（C）0.018g　　（D）0.006g

42. 对一量块测量 **4** 次，测得值分别为 **10.040mm，10.045mm，10.041mm，10.028mm**，则该量块测量结果的算术平均值及其实验标准偏差为（**D**）。

（A）10.039mm，0.008mm　　（B）10.039mm，0.004mm

（C）10.038mm，0.008mm　　（D）10.038mm，0.004mm

43. 某实验室用电子天平测量一个被测样品的质量，重复测量 **16** 次，得到测量重复性为 $s(x)\approx$**0.144mg**，在相同条件下，用该天平测量另一个同类样品，共测量 **4** 次，以算术平均值作为测量结果，则测量结果的 **A** 类标准不确定度为（**A**）。

（A）0.07mg　　（B）0.14mg

（C）0.19mg　　（D）0.28mg

44. 用标准电压表校准一只电压表，标准电压表测出电压为 **1.0000V**，电压表读数为 **1.0005V**，则测量结果的绝对误差和相对误差分别为（**A**）。

（A）0.0005V，0.05%　　（B）−0.0005V，−0.05%

（C）0.0050V，0.50%　　（D）−0.0050V，−0.50%

45. 某多功能校准器在“**10V**”量程的最大允许误差为±（$\mathbf{8\times10^{-6}}$×量程+$\mathbf{8\times10^{-6}}$×读数），在此量程测量 **8V** 的直流电压时，其示值的最大允许误差为（**D**）。

（A）±11μV　　（B）±53μV

（C）±70μV　　（D）±144μV

46. 某钢直尺两个相邻刻线之间的最小分度为 **0.5mm**，则该尺的分辨力为（**C**）。

（A）±0.25mm　　（B）±0.5mm

（C）0.25mm　　（D）0.5mm

47. 用标称值为 **10g** 的砝码核查某一电子天平的稳定性，得到 **6** 个月时间内示值的最大变化量在±**0.01g** 以内，则该天平的稳定性可表示为（**A**）。

（A）±0.1%/6 个月　　（B）1%/年

（C）1%/6 个月　　（D）0.1%/年

48. 对最大允许误差为±$\mathbf{1\times10^{-3}}$，标称值为 **100Ω** 的标准电阻器进行检定，其检定结果为 **99.9993Ω**，扩展不确定度为 **0.2mΩ**（k=**2**），包含概率为 **95%**，则对该标准电阻器的检定结论应为（**A**）。

（A）合格　　（B）限用

（C）不合格　　（D）停用

49. 下列关于测量不确定度术语的表述中，正确的是（**B**）

（A）合成不确定度　　（B）相对扩展不确定度

（C）随机不确定度　　（D）系统不确定度

50. 对某信号发生器检定装置进行重复性试验时，选一常规的被测对象，对其输出的 **10MHz** 信号的频率重复测量 **10** 次，测量数据分别为 **10.0006MHz, 10.0004MHz, 10.0008MHz, 10.0002MHz, 10.0003MHz，10.0005MHz，10.0005MHz，10.0007MHz，10.0004MHz，10.0006MHz**。在对同类被检对象进行检定时，一般取 **3** 次测量值的算术平均值作为测量结果，此时由测量重复性引入的标准不确定度为（**C**）。

（A）0.00018MHz　　（B）0.00013MHz

（C）0.00011MHz　　（D）0.00006MHz

51. 三角分布，反正弦分布区间半宽度分别是其标准偏差的（**A**）倍。

（A）$\sqrt{6}$，$\sqrt{2}$　　（B）$\sqrt{2}$，$\sqrt{6}$

（C）$\frac{1}{\sqrt{6}}$，$\frac{1}{\sqrt{2}}$　　（D）$\frac{1}{\sqrt{2}}$，$\frac{1}{\sqrt{6}}$

52. 将两个经不同计量技术机构校准的 **10kΩ** 标准电阻串联，第一个电阻校准证书上给出的结果为 R_1= **10.004kΩ**，U_1= **8Ω**（k= **2**），第二个电阻校准证书上给出的结果为 R_2 = **10.000kΩ**，U_2 = **6Ω**（k = **2**），则串联后电阻的估计值及其合成标准不确定度分别为（**A**）。

（A）20.004kΩ，5Ω

（B）20.004kΩ，7Ω

（C）20.004kΩ，10Ω

（D）20.004kΩ，14Ω

53. 某数字电压表说明书上给出的最大允许误差为±（$1\times10^{-5}\times$读数+$2\times10^{-6}\times$量程）。用 10V 量程档测量 5V 的电压，重复测量 10 次，取算术平均值作为测量结果，若单次测得值的实验标准偏差 $s(x)$ 为 50μV，在不考虑其他因素影响，取 k 为 2 时，测量结果的扩展不确定度为（**D**）。

（A）43μV （B）56μV

（C）64μV （D）87μV

54. 当测量结果在可能区间内服从正态分布时，若取包含概率 $p=0.95$，则包含因子 k 约为（**B**）。

（A）1.71 （B）2

（C）2.58 （D）3

55. 下列关于不确定度的表述中，正确的是（**B**）。

（A）u_r=1%，k=2 （B）U_r= 0.5%，k=2

（C）U=25.6ns，$k=2$ （D）U_{rel}= 0.03dB，ν_{eff}=13

56. 在进行计量检定时，选择计量标准应依据（**B**）。

（A）产品技术说明书 （B）计量检定规程

（C）国家计量校准规范 （D）试验大纲

57. 下列物品中，属于计量检测对象的是（**D**）。

（A）修理后的电子秤 （B）一次性使用的标准物质

（C）使用中的电能表 （D）定量包装商品

58. 计量器具修理后的检定属于（**B**）。

（A）周期检定 （B）后续检定

（C）仲裁检定 （D）使用中检查

59. 若环境未满足相应项目检定规程规定的要求，下列做法中，正确的是（**D**）。

（A）继续进行检定工作，并对测量结果进行修正

（B）继续进行检定工作，并在检定证书中注明实际环境条件

（C）征得技术负责人同意后，重新进行检定工作

（D）用控制设备对环境进行调控，直至环境条件得到满足后，重新进行检定工作

60. 当已发出的证书需要修改时，下列做法中，正确的是（**D**）。

（A）通知用户，请用户自行修改

（B）将原证书收回，在原证书中修改并盖章后重新发出

（C）按原证书号重新出具一份正确的证书，并声明代替原证书和原证书作废

（D）重新出具一份正确的证书，新证书重新编号，并声明代替原证书和原证书作废

61. 某计量技术机构需要新建一套活塞压力计标准装置，其测量范围为（**1～60**）**MPa**，在计量标准技术报告中，关于计量标准主要技术指标，填写正确的是（**C**）。

（A）测量范围：（1～60）MPa；扩展不确定度：±0.06%（$k=2$）

（B）测量范围：（1～60）MPa；准确度：±0.05 级（$k=2$）

（C）测量范围：（1～60）MPa；准确度等级：二等

（D）测量范围：（1～60）MPa；最大允许误差：±0.05%（$k=2$）

62. 建立计量标准的主要技术依据包括（**D**）。

（A）《计量标准考核办法》，JJF 1069—2012《法定计量检定机构考核规范》及相应的计量检定规程和技术规范

（B）《计量标准考核办法》，JJF 1033—2016《计量标准考核规范》及相应的国家或行业标准

（C）JJF 1033—2016《计量标准考核规范》，JJF 1069—2012《法定计量检定机构考核规范》及国家计量检定系统表

（D）JJF 1033—2016《计量标准考核规范》，国家计量检定系统表及相应的计量检定规程或技术规范

63. 某计量技术机构对其直流电压标准进行重复性试验，在相同测量条件下测量 10 次，测得值分别为 10.0005V，10.0004V，10.0006V，10.0001V，10.0003V，9.9999V，9.9998V，10.0008V，10.0002V，10.0001V，则该计量标准的重复性为（D）。

（A）0.03mV　　（B）0.08mV

（C）0.24mV　　（D）0.31mV

64. 某实验室在撰写新建标准的计量标准技术报告时，发现此标准检定参数较多，实验室评定测量不确定度时，应（D）。

（A）只对某个测量点进行测量不确定度评定

（B）对其中一个参数的某段测量范围进行不确定度评定

（C）只对典型值进行不确定度评定

（D）分别对每个参数的全量程内的测量点进行不确定度评定

65. 某实验室建立了一套温度计量标准，在对该计量标准进行期间核查时，选择的核查标准要满足的首要条件是（A）。

（A）稳定性优于被核查对象　　（B）准确度高于被核查对象

（C）便携且易于搬运　　（D）溯源性满足要求

66. 期间核查作业指导书规定的内容可不包括（A）。

（A）确定核查标准的原则

（B）核查记录的内容及格式

（C）核查的时间间隔

（D）核查结果的判定原则

67. 下列为一台数字电压表的技术指标，其中描述规范的是（**A**）。

（A）±（1×10^{-6}×量程+2×10^{-6}×读数）

（B）±（1×10^{-6}×量程±2×10^{-6}×读数）

（C）±1×10%×量程±2×10^{-6}×读数

（D）1×10^{-6}×量程±2×10^{-6}×读数

68. 在评定 **B** 类标准不确定度时，一般情况下不可利用的信息包括（**D**）。

（A）生产部门提供的技术说明文件（制造厂的技术说明书）

（B）校准证书、检定证书、测试报告或其他提供的数据、准确度等级等

（C）手册或某些资料给出的参考数据及其不确定度

（D）检定或校准人员的主观经验与个人臆断

69. 被测量受到许多相互独立的随机影响量的影响，这些影响量变化的概率分布各不相同，但各个变量的影响均很小时，被测量的随机变化服从（**A**）分布。

（A）正态　　（B）均匀

（C）反正弦　　（D）三角

70. 对检定、校准、检测结果要实施监控，监控必须（**C**）。

（A）利用实验室间的比对或能力验证计划

（B）采用统计技术对结果进行审查

（C）结合所进行的工作类型和工作量采取一种或几种有效的方法

（D）由上级主管部门实施

71. 期间核查是由本实验室人员使用自己选定的核查标准按照（**B**）进行。

（A）计量检定规程　　（B）自己制定的核查方案

（C）计量校准规范　　　　（D）核查标准说明书

72. 在检定、校准或检测的原始记录上应由实验操作和核验的人员分别（**C**），以示对实验负责。

（A）盖上个人姓名章

（B）签署代表某人的编号

（C）使用墨水笔签署自己的姓名

（D）用计算机打印各自姓名

73. 数字多用表的直流电压在 **20V** 量程时，其分辨力为 **100μV**，则由分辨力引起的标准不确定度分量为（**C**）。

（A）12.5μV　　　　（B）25.0μV

（C）28.9μV　　　　（D）57.7μV

74. 对某标称值 x 进行测量，其测量结果为 $\bar{x}$，则其修正值为（**B**）。

（A）Δ　　　　（B）$\bar{x}-x$

（C）$x-\bar{x}$　　　　（D）$-x-\bar{x}$

75. 下列关于异常值常用的统计方法的说法中，不正确的是（**D**）。

（A）当 $n>50$ 的情况下，3σ 准则较简便

（B）$3<n<50$ 的情况下，格拉布斯准则效果较好，适用于单个异常值

（C）有多于一个异常值时，狄克逊准则较好

（D）实际工作中，有较高要求时，可选用多种准则同时进行；当出现可能是异常值，又可能不是异常值的情况时，一般以是异常值处理较好

76. 在检定数字多用表时，标准电压源输出 **1.00V**，被测电压表显示 **0.99V**，则被测电压表的示值误差为（ **C** ）。

（A）+0.01V （B）+1% （C）−0.01V （D）−1%

77. 设有一台五位半数字多用表，最小量程为 **1.00000V**，绝对误差 Δ=±（ **0.005%**读数+**0.005%**满度 ）。当用 **1V** 量程测量 **10mV** 电压时，相对误差为（ **D** ）。

（A）±0.01% （B）±0.05%

（C）±0.1% （D）±0.5%

78. 对某被测件的长度重复测量 **10** 次，得到测量值分别为 **10.0006m**、**10.0004m**、**10.0008m**、**10.0002m**、**10.0003m**、**10.0005m**、**10.0005m**、**10.0007m**、**10.0004m**、**10.0006m**，用贝塞尔公式法估算实验标准偏差为（ **A** ）。

（A）0.00018m （B）0.00017m

（C）0.00016m （D）0.00015m

79. 以标准装置中的计量标准器或其反映的参量名称作为命名标识时，命名为（ **A** ）。

（A）计量标准器或参量名称+标准装置

（B）被检或被校计量器具或参量名称+检定或校准装置

（C）计量标准器名称+标准器（或标准器组）

（D）检定或校准+被检或被校计量器具名称+标准器组

80. 对数字多用表的直流电压量程进行检定，多功能校准器的直流电压功能技术指标表明，经检定合格后在有效期 **90** 天内，置信率为 **99%**，对应于以上读数的电压不准引入的扩展不确定度为 **54**×**10**$^{-6}$，则该项标准不确定度分量为（ **B** ）。

（A）15.0×10^{-6}V （B）21.0×10^{-6}V

（C）27.6×10^{-6}V （D）31.2×10^{-6}V

81. 有一台直流标准电压源，说明书上给出的误差技术指标是：**1V** 量程为 $\mathbf{4\times10^{-6}}\boldsymbol{U_o}\mathbf{+1.5\mu V}$，**10V** 量程为 $\mathbf{4\times10^{-6}}\boldsymbol{U_o}\mathbf{+8\mu V}$，**100V** 量程为 $\mathbf{4\times10^{-6}}\boldsymbol{U_o}\mathbf{+0.1mV}$，其中 $\boldsymbol{U_o}$ 为输出电压，则相对误差最小的量程是（**B**）。

（A）1V 量程 （B）10V 量程

（C）100V 量程 （D）三个量程的误差一样

82. 若第一次核查时各独立观测值的样本标准差 s_1= **0.013μm**，第二次核查时各独立观测值的样本标准差 s_2= **0.019μm**，则两次核查的合并样本标准差 s_p 为（**B**）。

（A）0.047μm （B）0.016μm

（C）0.013μm （D）0.0048μm

83. 选择核查标准的一般原则是必须（**A**）。

（A）具有良好的稳定性

（B）是经校准证明其有溯源性的测量仪器

（C）具有准确的量值

（D）是可以搬运的测量设备

84. 在下列计量器具中，需要对（**B**）进行期间核查。

（A）稳定的实物量具，如砝码等

（B）经常使用的计量标准装置

（C）检测中使用的采样、制样、抽样的设备

（D）没有量值要求的辅助性设备，计算机及其外部设备等

85. 在比对数据尚未正式公布之前，所有与比对相关的实验室和人员（**C**）。

（A）可以与其他参加实验室交流比对数据，但不得在刊物上

公布

（B）不得泄露本实验室参加比对的标准器的规格型号

（C）不得泄露比对结果

（D）不得泄露参加比对的人员情况

86. 检定或校准结果的验证方法为（**D**）。

（A）只能选择传递比较法

（B）只能选择比对法

（C）可以在传递比较法和比对法中任意选择一种

（D）原则上应采用传递比较法，只有在不可能采用传递比较法的情况下才允许采用比对法

87. 计量标准的稳定性是计量标准保持其（**C**）随时间恒定的能力。

（A）示值　　（B）复现值

（C）计量特性　　（D）测量范围

88. 存储在计算机中的证书、报告副本应该（**B**）。

（A）经实验室最高领导批准后可修改

（B）不得再修改

（C）只有经过技术负责人批准后才能修改

（D）必要时由检定员负责对错误之处作修改

89. 下列相对扩展不确定度的表示中，不正确的是（**C**）。

（A）100.02147g；$U_{rel}=0.35\times10^{-6}$，$k$=2

（B）100.02147（$1\pm0.79\times10^{-6}$）g；p=0.95，ν_{eff}=11

（C）（100.02147g$\pm0.79\times10^{-6}$），k=2

（D）100.02147g；$U_{rel}=0.70\times10^{-6}$，$k$=2

90. 若证书或报告给出的扩展不确定度是 U_{90}，U_{95} 或 U_{99}，除非另有说明，可以按（**A**）分布来评定 **B** 类标准不确定度。

（A）正态　　（B）均匀

（C）反正弦　　（D）三角

91. U_{95} 表示（**D**）。

（A）包含概率大约为 95 的测量结果的不确定度

（B）k=2 的测量结果的总不确定度

（C）由不确定度分量合成得到的测量结果的不确定度

（D）包含概率为规定的 p=0.95 的测量结果的扩展不确定度

92. 用标准电阻箱检定一台电阻测量仪，被检测量仪的最大允许误差（相对误差）为±**0.1%**，标准电阻箱评定电阻测力仪示值误差的扩展不确定度为 1×10^{-4}（包含因子 k=**2**），当标准电阻箱分别置于 **0.1Ω**，**1Ω**，**10Ω**，**100Ω**，**1000Ω**，**1MΩ** 时，被检表的示值分别为 **0.1015Ω**，**0.9987Ω**，**10.005Ω**，**100.08Ω**，**999.5Ω**，**1.0016MΩ**。检定员对该测量仪检定的结论为（**A**）。

（A）不合格　　（B）不能下不合格结论

（C）合格　　（D）不能下合格结论

93. 对一个被测量进行重复观测，在所得的一系列测量值中，出现了与其他值偏离较远的个别值时，应（**C**）。

（A）将这些值剔除

（B）保留所有的数据，以便保证测量结果的完整性

（C）判别其是否是异常值，确为异常值的予以剔除

（D）废弃这组测量值，重新测量，获得一组新的测量值

94. 下列说法中，正确描述测量仪器的分辨力的是（**D**）。

（A）数字电压表最低位数字显示变化一个字的示值差为 1μV，

则分辨力为 0.5μV

（B）线纹尺的最小分度为 1mm，则分辨力为 0.1mm

（C）衰减常数为 0.1dB/cm 的截止式衰减器，其刻度的最小分度为 10mm，则该衰减器的分辨力为 0.01dB

（D）用标尺读数装置的测量仪器的分辨力为：标尺上任意两个相邻标记之间最小分度值的一半

95. 由检定、校准人员打印的检定、校准证书，经核验人员核验并签名后，必须由（C）进行最后审核批准，签字发出。

（A）技术负责人 （B）质量负责人

（C）本专业证书批准人 （D）非本专业证书批准人

96. 每项计量标准应当配备至少两名与开展检定或校准项目相一致的，并持有（C）的检定或校准人员。

（A）相关专业的计量检定员证

（B）相应等级的注册计量师资格证书

（C）本项目的计量检定员证

（D）本专业的计量检验员证

97. 下列说法中，（C）不是计量标准必须具备的条件。

（A）计量标准器及配套设备能满足开展计量检定或校准工作的需要

（B）具有正常工作所需要的环境条件及设施

（C）具有一定数量高级职称的计量技术人员

（D）具有完善的管理制度

98. 企事业单位最高计量标准的主要配套设备中的计量器具不能向（D）溯源。

（A）具有相应测量能力的计量技术机构

（B）法定计量检定机构

（C）质量技术监督部门授权的计量技术机构

（D）具有测量能力的高等院校

99. 下列方法中，可用于减小周期性系统误差的是（**C**）。

（A）异号法　　（B）交换法

（C）半周期偶数测量法　　（D）全周期奇数测量法

100. 检定员小李为了修正环境温度对量器容积的影响，用温度计测量环境温度为 **22.0**℃，该温度计校准证书上给出该点的示值误差为−**0.2**℃，此时实验室空调系统显示温度为 **21.6**℃，则小李在量器容积的计算公式中需要带入的温度值为（**A**）。

（A）22.2℃　　（B）22.0℃

（C）21.8℃　　（D）21.6℃

101. 弹性元件式精密压力表根据引用误差划分准确度等级，引用值为标称范围上限。对于一只标称范围为（**0～10**）**MPa**，**0.25** 级弹性元件式精密压力表，下列有关其计量特性的说法中，正确的是（**C**）。

（A）准确度为 0.25%

（B）最大允许误差为±0.25MPa

（C）最大允许误差为±0.025MPa

（D）准确度等级为 0.25%

102. 某时间记录仪的最小刻度间距为 **0.001m**，记录仪工作时每毫米标称值为 **1min**，该时间记录仪的分辨力是（**C**）。

（A）0.0005m　　（B）0.001m

（C）0.5min　　（D）1min

103. 下列关于 U_{95} 的说法中，错误的是（**D**）。

（A）U_{95} 表征了测得值在［$y-U_{95}$，$y+U_{95}$］区间内包含概率约为 95%

（B）U_{95} 应为包含概率为 95%的包含区间的扩展不确定度

（C）U_{95} 表明了包含概率为 95%的包含区间的半宽度

（D）U_{95} 应为合成标准不确定度乘以包含因子 $k=2$ 得到

104. 标准不确定度可用符号（**C**）表示。

（A）U_P （B）U （C）u （D）u_p

105. 用力标准机校准某数字测力计，数字测力计的分辨力为 **0.005kN**，则该数字测力计的分辨力引入的标准不确定度分量是（**D**）。

（A）0.0058kN （B）0.0029kN

（C）0.0025kN （D）0.0014kN

106. 某工厂计量室选用一组不同长度，由耐磨材料精加工而成的工件作为测长机的核查装置，实施期间核查时，核查记录中可以不包括的信息是（**D**）。

（A）被核查的测长机和所用核查装置的基本信息

（B）核查日期，核查时的环境参数和核查人员

（C）核查依据，核查的原始数据记录，数据处理过程和核查结论

（D）核查的频次或时间间隔

107. 某温度计的测量范围为 **0**℃～**100**℃，其最大允许误差为±**0.1**℃，则用该温度计测量温度时，由温度计不准引入的标准不确定度分量是（**A**）。

（A）0.06℃ （B）0.07℃

（C）0.09℃　　（D）0.25℃

108. 在标准不确定度的 **B** 类评定时，下列信息中，可利用的信息不包括（**D**）。

（A）公开发表的文章给出的参考数据及其不确定度

（B）以往测量、核查、实验中的观测数据

（C）对有关测量仪器性能的了解和经验

（D）获得最佳估计值时的测量次数

109. 若被测量的值落在区间上限和下限处的可能性最大，则被测量的可能近似值近似于（**B**）分布。

（A）正态　　（B）反正弦

（C）三角　　（D）梯形

110. 在计算扩展不确定度时，下列对包含因子的描述中，错误的是（**B**）。

（A）为了使所给出的测量结果之间能够方便地互相比较，大多数情况下取 $k=2$

（B）若 k=2，则由 $U=2u_c$ 所确定的区间具有的包含概率均为95%

（C）k_p 的值是根据 $U_p=k_p\times u_c$ 所确定的区间［$y-U_p$，$y+U_p$］需具有的包含概率来选取

（D）当给出扩展不确定度 U 时，一般应注明所取的 k 值；若未注明 k 值，通常指 k=2

111. 某测得值的合成不确定度为 $\boldsymbol{u_c}$，若合成分布接近均匀分布，取包含概率 $\boldsymbol{p}$= **95%**，则该测得值的扩展不确定度是（**A**）。

（A）$1.96u_c$　　（B）$1.73u_c$

（C）$1.71u_c$　　（D）$1.65u_c$

112． 对某量进行测量时，计算得到的合成标准不确定度 u_c= **0.09**，则该被测量服从反正弦分布，且约定包含概率为 **100%**时，扩展不确定度 U 是（**A**）。

（A）0.13　　（B）0.16

（C）0.18　　（D）0.27

113． 将 **0.15505**，**15.445**，**15450** 分别修约为三位有效数字，结果应是（**D**）。

（A）0.156，15.5，15500　　（B）0.155，15.4，15400

（C）0.156，15.5，1.55×10^4　　（D）0.155，15.4，1.54×10^4

114． 把一个 **0.1**～**0.2** 之间的数字按最小间隔修约为两位小数时，近似值修约误差限的绝对值不超过（**D**）。

（A）0.1　　（B）0.05　　（C）0.01　　（D）0.005

115． 标准砝码的质量为 m_s，被测量最佳估计值为 **100.02147g**，合成标准不确定度 u_c（m_s）为 **0.35mg**，下列带有合成标准不确定度的测量结果报告的表示中，错误的是（**D**）。

（A）m_s=100.02147g，u_c（m_s）=0.35mg

（B）m_s=100.02147（35）g，括号内的数是合成标准不确定度，其末位与前面被测量估计值的末位数对齐

（C）m_s=100.02147（0.00035）g，括号内的数是合成标准不确定度

（D）m_s=（$100.02147\pm3.5\times10^{-6}$）g

116． 对仪器设备粘贴标识以表明其检定、校准状态，是计量标准器具和配套设备管理的重要环节。下列为某技术机构关于状态标识的做法，正确的是（**D**）。

（A）为准确反映设备历年的检定、标准状态，将历年标识按

顺序粘贴

（B）电子天平的检定周期为一年，标识上只写检定日期，不写有效期

（C）为了不影响仪器设备的使用，将状态标识粘贴在该仪器溯源证书封面上

（D）规定合格标识颜色为绿色，且检定机构名称、检定人员等信息为手写

117. 计量器具按照类别、用途及管理需要的不同，可通过检定或校准等形式进行量值溯源。下列为某技术机构开展检定、校准工作时的做法，正确是（C）。

（A）该机构应某煤矿的要求，根据计量检定规程编写了校准规范，对其使用的用于环境监测的易燃易爆气体检测（报警）仪进行校准，出具了校准证书

（B）该机构的检定员检定某药店称量中药材的电子秤，认为电子秤的检定项目过多，没有必要，因此对某些项目进行了简化，提高了检定效率

（C）某交警大队要求该机构对使用的呼出气体酒精含量探测器抽样进行检定，以证明其查验酒驾执法结果的可靠性，但该机构坚持只对送检的探测器出具证书

（D）该机构对石油公司加油站用于汽油结算油量的汽车灌进行检定，因外观检查不符合规程要求，坚持不出检定证书只出具校准证书

118. 检定、校准证书的信息和内容应符合有关规定。下列出具检定或校准证书的做法中，正确的是（A）。

（A）小张根据客户的要求，在红外测温仪的校准证书上给出复校时间间隔的建议

（B）小王校准的 0.5 级交流电压表，校准结论为“合格”

（C）小刘校准超声波测厚仪时，在整个测量范围内测量不确定度有明显差异，小刘取其最小值在校准证书上给出

（D）小李出具了检定结果通知书，封面内容包括证书编号、检定依据、检定结论、检定日期和有效期等

119. 某计量标准装置由多台设备组成，如果以被检（被校）计量器具命名，正确的命名是（**B**）。

（A）被检计量器具名称+标准器

（B）被检计量器具名称+检定装置或者校准装置

（C）被检计量器具名称+标准器组

（D）被检计量器具名称+标准装置

120. 某技术机构对计量标准器进行维护优化，测量范围扩大，准确度等级提升，标准在有效期内，则技术机构正确的做法是（**C**）。

（A）将计量标准送法定计量检定机构检定合格后，按提升后的能力开展工作

（B）在技术报告中更改为新的测量范围和准确度等级，继续开展工作

（C）将计量标准送法定计量检定机构检定合格后，按提升后的能力申请新建计量标准考核

（D）填写计量标准更换申请表，按提升后的能力开展工作

121. 下列关于计量标准的使用，做法正确的是（**B**）。

（A）某部门新建最高计量标准取得计量标准考核证书，经主管部门批准后，依据计量标准考核证书的项目和范围对社会开展非强制检定

（B）政府计量行政部门组织某法定计量检定机构建立社会公用计量标准，取得计量标准考核证书后，面向社会开展

非强制检定

（C）某企业建立的最高砝码计量标准在取得计量标准考核证书后，经本单位批准，在本单位内部开展下级天平的检定，出具检定证书

（D）某法定计量检定机构新建计量标准取得计量标准考核证书后，经本机构批准，向社会开展强制检定

122. 下列不属于计量检定规程中“计量器具控制”规定内容的是（**D**）。

（A）检定方法　　（B）检定条件

（C）检定周期　　（D）计量性能要求

123. 关于期间核查，下列说法中错误的是（**D**）。

（A）通过分析某台测量仪器足够多周期的期间核查数据，可以适当调整此台测量仪器的校准间隔

（B）期间核查可以由实验室选用的核查装置，按照实验室自行制定的核查方案（或期间核查的作业指导书）进行

（C）期间核查是指“根据规定的程序，为了确定计量标准，标准物质或其他测量仪器是否保持其原有状态而进行的操作”，定义中的“原有状态”是指示值误差、修正值、修正因子等校准结果的状态

（D）测量仪器由于材料的不稳定、元器件的老化、使用中的磨损、使用或保存的环境变化等原因，其计量性能会发生随机变化，应通过期间核查衡量测量仪器在两次校准之间计量性能随机变化的大小

124. 关于期间核查的对象，下列说法中错误的是（**A**）。

（A）实物量具都不需要进行期间核查

（B）实验室建立的计量标准应纳入期间核查对象

（C）经常携带到现场的测量仪器应纳入期间核查对象

（D）不稳定且使用频繁的测量仪器应纳入期间核查对象

125. 在进行期间核查时，下列选项中的各项内容均需要在核查方案中予以说明的是（A）。

（A）核查记录的方式、核查结论的判定原则、核查发现问题时可能采取的措施

（B）核查人员的职责分工、核查点、核查频次、核查结论的判定原则

（C）选用的核查装置、核查记录的方式、核查人员的确定原则

（D）核查点、核查记录的方式、核查方法的评审程序

（二）多选题

1. 计量立法的宗旨是（ABD）。

（A）加强计量监督管理，保障计量单位制的统一和量值的准确可靠

（B）适应社会主义现代化建设的需要，维护国家、人民的利益

（C）保障人民的健康和生命、财产的安全

（D）有利于生产、贸易和科学技术的发展

2. 计量规章、规范性文件包括（AB）。

（A）国务院计量行政部门制定的各种全国性的单项计量管理办法和技术规范

（B）国务院有关主管部门制定的部门计量管理办法

（C）县级地方人民政府计量行政部门制定的地方计量管理办法

（D）企业制定的企业计量管理办法

3. 计量检定规程可由（ABC）部门制定。

（A）国务院计量行政部门

（B）省、自治区、直辖市人民政府计量行政部门

（C）国务院有关主管部门

（D）企业

4. 处理因计量器具准确度引起的纠纷，以（**BD**）检定数据为准。

（A）部门使用的最高计量标准器具

（B）社会公用计量标准器具

（C）企事业单位的最高计量标准器具

（D）国家计量基准器具

5. 下列计量器具中，属于《中华人民共和国计量法》调整范围的有（**CD**）。

（A）教学示范用压力表　　（B）家庭用人体秤

（C）医用玻璃体温计　　（D）环境监测用酸度计

6. 下列技术文件中，属于计量技术规范的有（**BC**）。

（A）计量器具型式评价大纲　　（B）计量校准规范

（C）通用计量术语及定义　　（D）计量标准操作程序

7. 计量器具校准结果可出具（**AB**）。

（A）校准证书　　（B）校准报告

（C）检测报告　　（D）检测证书

8. 检定一般可分为（**AC**）两类。

（A）首次检定　　（B）周期检定

（C）后续检定　　（D）使用中检验

9. 据计量的作用与地位，计量可分为（**ACD**）。

（A）科学计量　　（B）医学计量

（C）工程计量　　（D）法制计量

10. 下列计量单位的使用中，符合我国法定计量单位使用规定的有（**ABCD**）。

（A）力矩单位“牛顿米”的中文符号是“牛·米”

（B）比热容单位符号是“J/（kg·K）”

（C）精密温度计的测量范围是0℃～50℃

（D）浮子式液位计的最大允许误差为±3mm

11. 国际单位制（**SI**）单位是由（**ABC**）组成的。

（A）SI单位的倍数单位　（B）SI基本单位

（C）SI导出单位　（D）SI词头

12. 下列单位中，（**ABD**）属于**SI**基本单位。

（A）开（尔文）K　（B）摩（尔）mol

（C）牛（顿）N　（D）坎（德拉）cd

13. 下列计量单位中，属于法定计量单位的有（**CD**）。

（A）公尺　（B）公升

（C）公顷　（D）公斤

14. 下列压力单位中，不正确的是（**ABCD**）。

（A）$kg \cdot f/cm^2$　（B）mPa

（C）mmH_2O　（D）Kpa

15. 下列单位中，表示正确的是（**AB**）。

（A）N·m　（B）Nm　（C）N-m　（D）W/k/m

16. 下列表述中，不正确的是（**ACD**）。

（A）220V±100%　（B）（50±0.5）Hz

（C）l～10A　（D）1～5%

17. 测量不确定度小，表明（**CD**）。

（A）测量结果接近真值 （B）测量结果准确度高

（C）测量值的分散性小

（D）测量结果可能值所在的区间小

18. 测量不确定度可以表征测得值的（**BD**）

（A）准确程度 （B）分散程度

（C）可靠程度 （D）可信程度

19. 测量仪器的准确度是一个定性概念，在实际应用中应该用测量仪器的（**BC**）表示其准确程度。

（A）测量值 （B）准确度等级

（C）最大允许误差 （D）测量误差

20. 下列表示形式中，可作为测量仪器示值的包括（**ABCD**）

（A）实物量具的赋值

（B）编码输出的码形图

（C）电子仪器发出的声响

（D）仿真输出显示器上指示的位置

21. 一台测量上限为 **150V**，引用误差为 **1%**的电压表，其 **10V** 示值的最大允许误差正确的表示为（**BD**）

（A）±1.5% （B）±1.5V

（C）±0.1V （D）±15%

22. 根据被检仪器的情况不同，示值误差的评定方法包括（**ABC**）

（A）比较法 （B）分部法

（C）组合法 （D）拟合法

23. 使用带有刻度的指针式仪表对被测量进行测量时，下列选项中，应作为不确定度来源的包括（**AC**）。

（A）分辨力　　（B）刻度线长度

（C）示值不准　　（D）指针长度

24. 在进行 **B** 类标准不确定度分量的评定时，通常不应按均匀分布考虑的包括（**BC**）。

（A）由分辨力引入的不确定度分量

（B）标准器校准报告中给出的 k=2 的扩展不确定度

（C）由多个灵敏系数相当的，不相关的因素合并引入的不确定度分量

（D）由数据修约引入的不确定度分量

25. 下列数字中，有效数字为两位的是（**ABCD**）。

（A）1.2×10^{3}　　（B）0.50

（C）3.0×10^{-5}　　（D）3.4

26. 已知被测量 $\boldsymbol{Y}$ 的最佳估计值 $\boldsymbol{y}$**=1000.402mV**，扩展不确定度 $\boldsymbol{U}$**=10μV**（$\boldsymbol{k}$**=2**），则最佳估计值的正确表述为（**CD**）。

（A）y=1000.4mV

（B）y=1000.40mV

（C）y=1000.402mV

（D）$y=1.000402\times10^{3}$V

27. 下列关于相对扩展不确定度的表述中，正确的是（**ACD**）。

（A）$R=100.01234\Omega$，$U_{rel}=5.9\times10^{-6}$，$k=2$

（B）$R=100.01234\Omega$，$U_{rel}=5.9\times10^{-6}$，$p=0.95$

（C）$R=100.01234(1\pm5.9\times10^{-6})\Omega$，$p=95\%$，$\nu_{eff}=9$

（D）$R=100.01234(1\pm5.9\times10^{-6})\Omega$，$k=2$

28. 后续检定的对象包括（**ABCD**）。

（A）已达到规定的检定有效期的计量器具

（B）经修理后的计量器具

（C）用户认为有必要重新检定的计量器具

（D）原封印由于某种原因失效的计量器具

29. 下列关于证书、报告的要求中，正确的是（**ABCD**）。

（A）有规定的格式，使用 A4 纸，用计算机打印

（B）术语规范，用字正确，无遗漏，无涂改，数据准确，清晰，客观

（C）经检定（校准、检测）人员，核验人员，签发人员签字，盖章后发出

（D）每一种计量器具的检定证书应符合其计量检定规程的要求

30. 下列关于检定、校准、检测结果核验的做法中，正确的是（**ABD**）。

（A）对数据计算、换算、修约进行验算

（B）检查使用的计量标准器和配套设备是否符合规程规范的规定，是否经过检定、校准并在有效期内

（C）核验员在对检定证书核验时，发现其中一个测量数据与原始记录不一致，认为是笔误，直接将原始记录中的数据划改并签字

（D）检查规程规范规定的项目或客户要求的项目是否都已完成

31. 计量标准器具的使用必须具备的条件包括（**BD**）。

（A）参加过上级部门组织的量值比对并取得满意结果

（B）具有正常工作所需的环境条件

（C）具有称职的维修人员

（D）具有完善的管理制度

32. 计量标准的考核内容包括（**ABC**）。

（A）计量标准器及配套设备是否齐全

（B）是否具备计量标准正常工作所需的环境条件和工作场所

（C）是否具备与所开展量值传递的工作相适应的检定人员

（D）是否具备与所开展量值传递的工作相适应的专职管理人员

33. 建立计量标准的单位应建立计量标准的文件集，该文件集至少应包括（**ACD**）。

（A）开展检定或校准工作所依据的计量检定规程或技术规范

（B）计量校准器具购置合同验收记录

（C）保证计量标准运行的相关管理制度

（D）所开展计量检定或校准工作的检定或校准证书副本，以及相关的原始记录

34. 对一台测量仪器，选择对其进行检定或校准时，计量技术机构应主要考虑的因素包括（**AB**）。

（A）计量法制管理要求

（B）客户的需要

（C）客户的能力

（D）测量数据是否合格

35. 计量标准的辅助或配套测量设备是否要进行期间核查，应根据实际情况合理确定。通常应纳入期间核查计划的包括（**ABC**）。

（A）对测量结果的质量有重要影响的关键测量设备

（B）不够稳定，易漂移，易老化且使用频繁的测量设备

（C）经常携带到外场使用的测量设备

（D）出现了质量问题的测量设备

36. 被检温度计读数为 **20.00**℃时，计量标准的读数为 **20.01**℃，则下列关于该校准点的说法中，正确的是（**AC**）。

（A）示值误差为－0.01℃　　（B）修正值为－0.01℃

（C）校准值为 20.01℃　　（D）校准值为 19.99℃

37. 某热敏电阻，当温度为 **20.0**℃时，其阻值为 **100.12Ω**；当温度为 **20.1**℃时，其阻值为 **100.13Ω**，则下列关于该热敏电阻在 **20.0**℃时计量特性的说法中，错误的是（**ABD**）。

（A）灵敏度为 0.01Ω/℃　　（B）稳定性为 0.1Ω/℃

（C）灵敏度为 0.1Ω/℃　　（D）稳定性为 0.01Ω/℃

38. 下列关于测量不确定度术语的表述中，正确的是（**CD**）。

（A）合成不确定度　　（B）总不确定度

（C）相对标准不确定度　　（D）扩展不确定度

39. 下列因素中，评定测量不确定度时需要考虑的因素包括（**BCD**）。

（A）粗大误差　　（B）被测量

（C）测量方法　　（D）影响量

40. 下列关于包含因子、包含概率符号的表示中，正确的是（**ACD**）。

（A）p　　（B）P　　（C）k　　（D）k_p

41. 检定计量器具时，可依据的技术文件包括（**BC**）。

（A）国家强制性标准　　（B）国家计量检定规程

（C）地方计量检定规程　　（D）国家计量校准规范

42. 下列选项中，属于计量标准考核内容的为（**ABC**）。

（A）计量标准的管理制度

(B) 计量标准的测量能力

(C) 计量标准的配置

(D) 检定、校准人员的学历、职称

43. 考评员在进行“实验室 pH(酸度)计检定装置”现场考核时的技术依据包括(**CD**)。

(A) JJG 919—2008《pH 计检定仪检定规程》

(B)《计量标准考核办法》(国家市场监督管理总局令第 31 号)

(C) JJF 1033—2016《计量标准考核规范》

(D) JJF 119—2018《实验室 pH(酸度)计检定规程》

44. 实验室制定的计量标准期间核查作业指导书应规定的内容包括(**ABD**)。

(A) 核查参数

(B) 核查方法

(C) 本标准装置检定规程

(D) 核查结果的判定原则

45. 期间核查记录的内容应包括(**ABD**)。

(A) 期间核查依据的技术文件

(B) 核查时的环境参数

(C) 核查周期

(D) 核查结论

46. 能力验证活动包括(**ABC**)。

(A) 能力验证计划

(B) 实验室间比对

(C) 测量审核

(D) 能力验证

47. 明确比对的方法和程序包括(**ABCD**)等。

(A) 安装要求

(B) 预热时间

(C) 实验点、实验次数

(D) 实验顺序

48. 国家计量检定规程主要内容至少应包括（ **ACD** ）。

（A）计量性能要求　（B）测量不确定度评定示例

（C）计量器具控制　（D）通用技术要求

49. 《计量标准考核（复查）申请书》中“不确定度或准确度等级或最大允许误差”一栏的填写要点包括（ **ABCD** ）。

（A）最大允许误差用符号 *MPE* 表示，其数值一般应带“±”号

（B）准确度等级一般以该计量标准所符合的等别或级别表示，可以按各专业的规定填写

（C）填写不确定度时，可以根据该领域的习惯和方便的原则，用标准不确定度或扩展不确定度来表示

（D）对于不同的计量标准，可以填写不确定度或准确度等级或最大允许误差。具体采用何种参数表示应根据具体情况确定，或遵从本行业的规定或约定俗成

50. 计量标准测量能力的确认通过方式（ **AB** ）进行。

（A）现场实验　（B）对技术资料的审查

（C）重复性试验　（D）稳定性考核

51. 计量标准考核的原则包括（ **ABC** ）。

（A）执行考核规范的原则　（B）逐项考评的原则

（C）考评员考评的原则　（D）现场考核的原则

52. 检定工作完成后，经检定人员在原始记录上签字后交核验人员审核，以下情况中核验人员没有尽到职责的是（ **ACD** ）。

（A）经核验人员检查，在检定规程中要求的检定项目都已完成，核验人员就在原始记录上签名

（B）核验人员发现数据和结论有问题，不能签字并向检定人员指出问题

（C）由于对检定人员的信任，核验人员即刻在原始记录上签名

（D）核验人员发现检定未依据最新有效版本的检定规程进行，原始记录中如实填写了老版本，核验人员要求检定员在原始记录中改写为新版本号

53. 下列描述的量中，属于影响量的为（ABD）。

（A）用安培计测量交流电流的幅度时，交流电流的频率

（B）在直接测量人体血浆中血红蛋白浓度时，胆红素的物质的量浓度

（C）测量某杆的长度时，杆的温度

（D）测量摩尔分数时，质谱仪离子源的本底压力

54. 补偿系统误差时，可采取的形式包括（BCD）。

（A）减去修正值

（B）从修正值表得到

（C）乘以修正因子

（D）从修正曲线得到

55. 下列有关仪器测量不确定度的说法中，正确的是（BD）。

（A）仪器测量不确定度通常按 A 类不确定度评定

（B）仪器测量不确定度可以通过对仪器校准得到

（C）仪器测量不确定度就是仪器说明书中给出的仪器最大允许误差

（D）仪器测量不确定度是所用测量仪器引起的测量不确定度分量

56. 下列计量标准中，必须经计量行政部门考核合格才能使用的包括（ABC）。

（A）部门最高计量标准

（B）企事业单位最高计量标准

（C）社会公用计量标准

（D）企事业单位次级计量标准

57. 下列描述的计量器具中，属于测量标准的包括（**CD**）。

（A）用于称重的电子天平

（B）用于确定滚珠轴承直径的测长仪

（C）用于校准砝码的电子天平

（D）用于检定标准环规直径的测长仪

58. 检定人员在记录原始记录出现错误时，应采取的处理方法包括（**ABD**）。

（A）对每一错误进行划改，将正确值填写在其旁边，对记录的所有改动应有改动人的签名

（B）对每一错误进行划改，将正确值填写在其旁边，对记录的所有改动应有改动人的签名缩写

（C）对每一错误进行划改，将正确值填写在其旁边，对记录的所有改动应有改动人的盖章

（D）对电子存储的记录采用密码、保留修改轨迹等方式，以避免原始数据未经授权的改动

59. 下列有关校准证书的说法中，正确的是（**ACD**）。

（A）校准证书中给出校准值或修正值时，应同时给出它们的不确定度

（B）当校准工作被分包时，承担分包工作的实验室应向送校企业出具校准证书或校准报告

（C）被校准的仪器已被调整或修理时，如果可获得，校准证书中应给出调整或修理前后的校准结果

（D）当依据的校准规范包括复校时间间隔的建议时，校准证书应给出复校时间间隔

（三）判断题

1．计量学是研究测量及其应用的科学。（√）

2．计量学涵盖有关测量的理论及其实践的各个方面，与其测量不确定度无关。（×）

3．计量学涵盖有关测量的理论及其测量不确定度大小的所有应用领域。（√）

4．测量仪器用于测量以获得被测对象量值的大小，既可以是实物量具也可以是测量系统，即可用于科学研究也可用于生产活动。（√）

5．测量仪器经过计量检定方可使用。（×）

6．企事业最高计量标准经本单位批准后，可在本单位内部开展强制检定或校准。（×）

7．政府计量行政部门组织建立的计量标准可向社会开展量值传递。（×）

8．计量标准取得“计量标准考核证书”后，应当办理计量标准使用手续。（√）

9．依据计量标准考核要求，计量标准应该有效溯源，对具有检定规程的计量标准器也可采用校准方式进行溯源。（×）

10．当不能以检定或校准方式进行有效溯源时，可以采用比对方式。（√）

11．为保证计量标准的有效溯源，计量标准负责人可联系国际计量组织进行溯源。（×）

12．对测量系统的调整类型包含测量系统调零、量程调整和偏置量调整。测量系统进行量程调整后，通常必须再进行校准。（√）

13．对测量系统的周期性校准可视作对该测量系统调整。（×）

14．仪器测量不确定度就是仪器说明书中给出的仪器最大允许误差。（×）

15．仪器测量不确定度是所用测量仪器引起的测量不确定度分量。（√）

16．测量不确定度是赋予被测量分散性的非负参数。（√）

17．标准不确定度是由测量标准引起的不确定度，表征测得值的分散性。（×）

18．扩展不确定度是由合成标准不确定度的倍数得到，确定了测量结果所在的区间。（√）

19．增加测量次数，用算数平均值作为测量结果的最佳估计值，可以减少随机误差对测量结果影响。（√）

20．期间核查需在标准条件下，对预先选定的核查标准进行测量，以确认其校准状态是否可信。（×）

21．期间核查可由本实验室人员使用本实验室选定的核查标准按照自己制定的核查方案进行。（√）

22．期间核查必须在两次校准或检定的间隔内定期进行。（×）

23．期间核查可以为实验室制定合理的检定周期提供依据。（×）

24．计量标准的重复性是考核计量标准随时间漂移的能力。（×）

25．测量结果的重复性就是测量结果的不确定度。（×）

26．测量结果的分散性通常比计量标准本身所引入的分散性稍小。（×）

27．测量结果的重复性包括所用计量标准等因素以及实际被测量的随机变化。（√）

28．在规定的测量条件下多次测量同一被测量，从所得测量结果与计量标准所复现的量值之差可以发现并得到恒定的系统误差的估计值。（√）

29．在规定的测量条件下多次测量同一被测量，从所得测量结果与计量标准所复现的量值之差可以发现并得到恒定的系统误差的真值。（×）

30．在测量条件改变时，多次测量同一被测量，从所得测量结果与计量标准所复现的量值之差可以发现并得到恒定的系统误差的估计值。（×）

31．某企业规格为50L的一等标准金属量器是该企业的最高计量

标准，因只检定企业内部的二等标准金属量器，可以适当延长检定周期。（×）

32．某公用电话亭环境良好、使用者很少，管理员从经济合理的角度考虑，可以将超过检定有效期的电话计时计费器延长使用。（×）

33．某医学院根据仪器用途，定期将一台科研用超声多普勒胎儿监护仪超声源送到某技术机构校准，该技术机构可以按要求出具校准证书。（√）

34．某技术机构对某社会公正计量行的汽车衡进行检定，因某个不常用称量点误差略超过规程要求，可出具校准证书以使该汽车衡继续使用。（×）

35．校准对象和标准装置的有关信息、环境参数、校准依据等信息都应作为原始记录内容。（√）

36．为便于查询和分析，可将记录在纸上的校准数据按设计格式直接录入计算机，并打印作为原始记录（×）

37．若校准数据由计算机计算和处理，则原始记录中只记录处理后的结果。（×）

38．设置校准、核验、主管三级签名，并规定主管才能调用所有电子签名。（×）

39．为保证证书质量，在质量手册中明确规定检定员对证书负全部责任。（×）

40．对于在检定周期内抽检不合格的计量器具，必须收回原检定证书，并在证书注明“注销、作废”。（×）

41．期间核查的目的是获得测量仪器状态是否正常的信息和证据。（√）

42．期间核查需要由高一级的计量标准通过检定或校准来完成。（×）

43．期间核查可以通过核查装置来评价被核查仪器的计量特性。（×）

44．期间核查是简化形式的检定或校准，核查频率高时可以代替检

定或校准。（×）

45．某部门新建最高计量标准取得计量标准考核证书，经主管部门批准后，依据计量标准考核证书的项目和范围对社会开展非强制检定。（×）

46．政府计量行政部门组织某法定计量检定机构建立社会公用计量标准，取得计量标准考核证书后，面向社会开展非强制检定。（√）

47．某法定计量检定机构新建计量标准取得计量标准考核证书后，经本机构批准，可向社会开展强制检定。（×）

48．发生贸易纠纷时，计量器具没有相应计量检定规程的，可按纠纷双方协商的办法，经过方法验证后进行仲裁检定。（×）

49．同一种计量器具有多个部门或地方检定规程，则由国务院计量行政部门尽快制定国家计量检定规程。（√）

50．两个规程合并为一个新规程，其中某个规程的内容及检定方法没有变化，仍可按原规程进行检定。（×）

51．计量比对中参比实验室应按比对实施方案的要求接收和交送（或发运）传递装置。不得变更传递方式。（√）

52．计量比对中参比实验室应负责传递装置在本实验室保持完好，出现意外及时调修。（×）

53．计量比对传递标准过程中，出现意外应立即上报主导实验室，按意外处理程序处理。（√）

54．期间核查是指“根据规定的程序，为了确定计量标准，标准物质或其他测量仪器是否保持其原有状态而进行的操作”，定义中的“原有状态”是指示值误差、修正值、修正因子等校准结果的状态。（√）

55．随机误差是在重复测量中按不可预见方式变化的测量误差分量。（√）

56．当用算术平均值作为被测量的最佳估计值时，可通过增加测量次数的方法减小随机误差。（√）

57．随机误差可通过适当的方法进行修正。（×）

58．系统误差可通过适当的方法修正。（√）

59．随机误差反映的是测得值与被测量真值的偏离程度。（×）

60．因计算机存储的原始记录比手写记录更便于修改，应逐渐推行原始记录电子化。（×）

61．在仪器设备与计算机直接相连、测量数据直接输入计算机的情况下，如果计算机存储的记录采取了相应措施能够避免原始数据的丢失或未经授权的改动，就可以作为原始记录。（√）

62．对计算机存储的原始记录，检定员、核验员可以使用电子签名。（√）

63．核查标准应具有需核查的参数和量值，能由被核查仪器、计量基准或计量标准测量。（√）

64．核查标准应具有良好的稳定性，某些仪器的核查还要求核查标准具有足够的分辨力和良好的重复性，以便核查时能观察到被核查仪器及计量标准的变化。（√）

65．必要时，核查标准应可以提供指示，以便再次使用时可以重复前次核查实验时的条件。（√）

66．由于期间核查是本实验室自己进行的工作，不必送往其他实验室。因此核查标准可以不考虑便携和搬运问题。（√）

67．若计量标准在使用中采用标称值或示值，则稳定性应当小于计量标准的最大允许误差的绝对值。（√）

68．若计量标准需要加修正值使用，则稳定性应当小于计量标准修正值的合成标准不确定度。（×）

69．若计量标准需要加修正值使用，则稳定性应当小于计量标准修正值的扩展不确定度。（√）

70．经常在用的计量标准，可不必进行稳定性考核。（×）

71．新建计量标准一般应当经过半年以上的稳定性考核，证明其所复现的量值稳定可靠后，方能申请计量标准考核。（√）

72．用于检定、校准和检测的设施和环境条件，应符合所开展项目的技术规范或规则所规定的要求。（√）

73．在机构固定设施以外的场所进行抽样、检定、校准和检测时，可适当降低环境条件的要求。（×）

74．计量标准是指准确度低于计量基准，用于检定或校准其他下一级计量标准或工作计量器具的计量器具。（√）

75．计量标准的准确度应比被检定或被校准的计量器具的准确度高。（√）

76．计量标准在我国量值传递（溯源）中处于中间环节，起着承上启下的作用。（√）

77．只有社会公用计量标准及部门和企事业最高计量标准才能开展量值传递。（×）

78．检定规程中的检定周期可为强制性的最大周期，也可为建议性周期。（√）

79．确定检定周期的原则是，计量器具在使用过程中，能保持所规定的计量特性的最长时间间隔。（√）

80．检定规程中计量器具的检定周期应根据计量器具的性能、要求、使用环境条件、使用频繁程度以及经济合理等其他因素具体确定检定周期的长短。（√）

81．国家计量检定系统表即国家溯源等级图，它是将国家计量基准的量值逐渐传递到工作计量器具，或从工作计量器具的量值逐级溯源到国家计量基准的一条比较链。（√）

82．计量单位具有根据约定赋予的名称和符号。（√）

83．量纲为 1 的量的计量单位是数，没有专门名称。（×）

84．弧度是量纲为 1 的量，它的计量单位是数。（√）

85．测量误差是由测量过程中的错误或过失引起的。（×）

86．测量误差等于随机测量误差减去系统误差。（×）

87．测量准确度是指被测量的测得值与其真值间的一致程度，其与系统误差有关，与随机误差无关。（√）

88．测量正确度可用规定测量条件下的标准偏差表示。（×）

89．测量精密度可用规定测量条件下的标准偏差表示。（√）

90．由系统影响引入的不确定度分量是与测量标准所赋量值有关的分量，称为系统不确定度。（×）

91．合成标准不确定度仍然是标准偏差，是测量结果标准偏差的估计值，表征测量结果的分散性。（√）

92．在给定区间内难以判断被测量是否小到无法检出所导致的不确定度分量，称为定义的不确定度。（×）

93．仪器的测量不确定度通常通过在仪器说明书中给出的有关信息按 A 类测量不确定度评定得到。（×）

94．仪器漂移既与被测量变化无关，也与影响量变化无关。（√）

95．灵敏度反映的是测量仪器被测量变化引起仪器示值变换的程度。（√）

96．鉴别阈是测量仪器输出有可察觉到的变化时，输入的激励变化。（√）

97．灵敏度是测量系统的示值变化除以相应的被测量值变化所得的商。（√）

98．若输入量很小，而其引起的输出量很大，则该测量仪器鉴别阈大。（×）

99．在 JJF 1001—2011《通用计量术语及定义》中，测量仪器的额定工作条件是测量仪器按设计性能工作，在测量时必须满足的工作条件。（√）

100．测量仪器计量特性不受损害，恢复后仍可使用的工作条件是极限工作条件。（√）

（四）填空题

1．计量是实现<u>单位统一</u>，量值准确可靠的活动。

2．计量检定应遵循的原则是<u>经济合理、就近就地</u>。

3．制定《中华人民共和国计量法》的目的，是为了保障国家<u>计量</u>

单位制的统一和量值的准确可靠。

4. 计量的特点有准确性、一致性、溯源性、法制性。

5. 企业、事业单位建立的各项最高计量标准，须向与其主管部门同级的人民政府计量行政部门申请考核后，才能在本单位内部开展检定。

6. 计量标准经负责考核的单位认定考核合格的，由主持考核的单位审查或发给计量标准考核证书，并确定有效期。

7. 社会公用计量标准是统一本地区量值的依据，在社会上实施计量监督具有公正作用，其数据具有权威和法律效力。

8. 计量的准确度是指测量结果与被测量真值的接近程度。

9. 测量是以确定量值为目的的一组操作。

10. 溯源性是指任何一个测量结果或计量标准的量值，都能通过一条具有规定不确定度的比较链，与计量基准联系起来的特性。

11. 一致性是指测量结果的可重复、可再现、可比较。

12. 在规定的条件下，为确定测量仪器所指示的量值或实物量具所代表的量值，与对应的由其测量标准所复现的量值之间关系的一组操作，称为校准。

13. 检定具有法制性，其对象是法制管理范围内的测量仪器。

14. 中华人民共和国《计量法》规定，我国采用<u>国际单位制</u>。

15. 国际单位制的通用符号为<u>SI</u>。

16. <u>测量</u>是以确定量值为目的的一组操作。

17. 企业中的实用计量属于<u>工程计量</u>。

18. 在测量标准相互比较中用作媒介的测量标准是<u>传递标准</u>。

19. 开展<u>计量检定</u>应依据国家计量检定系统表和国家计量检定规程。

20. 计量器具修理后的检定属于<u>后续检定</u>。

21. 在规定的测量条件下多次测量同一个被测量，从所得测量结果与计量标准所复现的量值之差可以发现并得到恒定的系统误差的<u>估计值</u>。

22. 进行比对时，由<u>主导实验室</u>提供传递标准或样品，确定传递方式。

23. 计量标准的<u>稳定性</u>是计量标准保持其计量特性随时间恒定的能力。

24. <u>测量准确度</u>是指被测量的测得值与其真值间的一致程度。

25. <u>测量正确度</u>是指无穷多次重复测量所得量值的平均值与一个参考量间的一致程度。

26. 测量精密度是规定测量条件下，对同类测量对象重复测量所得示值的一致程度。

27. 测量重复性是在一组重复性测量条件下的测量精密度。

28. 测量复现性是在复现性测量条件下的测量精密度。

29. 以固定形态复现或提供所赋量值的测量仪器是实物量具。

30. 测量仪器按设计性能工作，在测量时必须满足的工作条件是测量仪器的额定工作条件。

31. 测量仪器计量特性不受损害，恢复后仍可使用的工作条件是极限工作条件。

32. 计量检定规程中规定的检定工作条件是参考工作条件。

33. 分辨力是引起相应示值产生可察觉变化的被测量的最小变化。

34. 鉴别阈是引起相应示值不可检测到变化的被测量值的最大变化。

35. 重复测量示值的平均值减去参考量值是仪器偏移。

36. 对给定的测量仪器，规程所允许的相对于已知参考量值的测量误差的极限叫最大允许测量误差。

37. 测得值为零时的基值测量误差是零值误差。

38. 测量仪器或测量系统的误差除以仪器的特性值是<u>引用误差</u>。

39. 测量仪器示值与对应输入量的参考量值之差是<u>示值误差</u>。

40. 查明和确认测量仪器符合法定要求的活动叫<u>计量检定</u>。

41. 在规定条件下，对相同准确度等级的同种测量仪器复现的量值之间比较的过程叫<u>比对</u>。

42. 在规定条件下，确认由测量标准提供的量值与相应示值之间的关系的操作，称为<u>校准</u>。

43. <u>期间核查</u>是根据规定程序，为了确定计量标准是否保持其原有状态而进行的操作。

44. 测量审核是指由实验室对被测物品进行实际测试，将测试结果与<u>参考值</u>进行比较的活动。

45. <u>半周期偶数测量法</u>可用于减小周期性系统误差。

46. <u>计量检定规程</u>是确定计量器具合格与否的法定性文件。

47. 测量仪器准确度等级划分的主要依据是测量仪器示值的<u>最大允许误差</u>。

48. 多次测量取平均值能够减小<u>随机误差</u>。

49. 给测得值加修正值或给测得值乘修正因子可以减少<u>系统误差</u>。

50．标准代号为 JJF 的是国家计量技术规范。

51．国家计量检定规程的标准代号为 JJG。

52．千克是国际单位制中的基本单位。

53．摄氏温度是国际单位制导出量。

54．千米在国际单位制中属于倍数单位。

55．测量不确定度的评定方法分为 A 类不确定度评定和 B 类不确定度评定。

56．对测量仪器而言，其极限示值界限内的一组量值称为示值区间。

57．根据 JJF 1069—2012《法定计量检定机构考核规范》，法定计量检定机构对证书报告进行修改，当有必要发布全新的检定证书时，应注明所代替的原件并标注唯一性标识。

58．计量工作及相关活动中涉及的计量安全防护的对象是人员和设备。

59．社会公用计量标准是本地区准确度等级最高的计量标准。

60．根据《仲裁检定和计量调解办法》，国家计量基准或社会公用计量标准可用于仲裁检定。

（五）简答题

1. 计量立法的宗旨是什么?

答: 为了加强计量监督管理，保障国家计量单位制的统一和量值的准确可靠，有利于生产、贸易和科学技术的发展，适应社会主义现代化建设的需要，维护国家和人民的利益。

2. 什么是国家计量基准? 其主要作用是什么?

答: 国家计量基准是指经国家市场监督管理总局批准，在中华人民共和国境内为了定义、实现、保存、复现量的单位或量值，用作有关量的测量标准定值依据的实物量具、测量仪器、标准物质或测量系统，简称计量基准。是统一全国量具的最高依据，全国的各级计量标准和工作计量器具的量值都应直接或间接的溯源至计量基准。

3. 什么是社会公用计量标准?

答: 社会公用计量标准是指经政府计量行政部门考核、批准，作为统一本地区量值的依据，在社会上实施计量监督，具有公正作用的计量标准。

4. 什么是部门、企事业单位最高计量标准?

答: 各部门、企事业单位，根据本部门需要，建立本部门使用的计量标准器具，其各项最高计量标准器具经同级人民政府计量行政部门主持考核合格后使用，作为统一本部门量值的依据。

5. 强制检定的范围是什么?

答: 包括强制检定的计量标准和强制检定的工作计量器具，具体有社会公用计量标准、部门和企事业单位最高计量标准，以及用于贸易结算、安全防护、医疗卫生、环境检测方面的列入了强制检定目录的工作计量器具。

6. 非强制检定的计量器具如何实施计量检定和管理?

答: 可由单位自行定期检定或送其他计量检定机构检定，并接受县级以上人民政府计量行政部门的监督检查。企事业单位应制定具体的检定管理办法和规章制度，规定本单位管理的计量器具明细及相应的检定周期，保证使用的非强制检定的计量器具定期检定。

7. 计量检定人员有哪些权利和义务?

答: 权利包括:

（1）在职责范围内依法从事计量检定活动。

（2）依法使用计量检定设施，获得相关文件。

（3）参加本专业继续教育。

义务包括:

（1）依照有关规定和计量检定规程开展计量检定活动，恪守职业道德。

（2）保证计量检定数据和有关技术资料的真实完整。

（3）正确保存、维护、使用计量基准和计量标准，使其保持良好的技术状态。

（4）承担质量技术监督部门委托的与计量检定有关的任务。

（5）保守在计量检定活动中获悉的商业和技术秘密。

8. 计量技术法规的范围是什么?

答: 计量技术法规包括国家计量检定系统表、计量检定规程、计量技术规范。

9. 计量技术法规的作用是什么?

答: 作用是正确进行量值传递、量值溯源，确保计量基准、计量标准所测出的量值准确可靠，以及实施计量法制管理的重要手段和条件。

10．计量技术法规分哪几类?

答：计量检定系统表只有国家计量检定系统表一种，由国务院计量行政部门组织制定、修订，由建立计量基准的单位负责起草。一项国家计量基准对应一个国家计量检定系统表，它反映了我国科学计量和法制计量的水平。

计量检定规程分为国家计量检定规程、部门计量检定规程、地方计量检定规程。国务院计量行政部门组织制定国家计量检定规程。国务院有关部门对尚没有国家计量检定规程的计量器具，制定适用于本部门的部门计量检定规程，在有关国家计量检定规程颁布实施后，部门计量检定规程即废止。省级市场监督管理部门对尚没有国家计量检定规程的计量器具，制定适用于本地区的地方计量检定规程，在有关国家计量检定规程颁布实施后，地方计量检定规程即废止。

计量技术规范分为通用计量技术规范和专用计量技术规范。通用计量技术规范包含通用名词术语及格计量专业的名词术语、国家计量检定规程和国家计量检定系统表及国家校准规范的编写规则、测量不确定度的评定与表示、计量仪器特性评定等；专用计量技术规范包含各专业的计量校准规范、某些特定计量特性的测量方法、测量装置试验方法等。

11．计量技术标准的编号规则是什么?

答：计量技术标准的编号采用“×××××—××××”的表示方法，分别为标准的“顺序号”和“年份号”，均用阿拉伯数字表示，年份号为批准的年份。国家计量检定规程用汉语拼音缩写 JJG 表示，编号为“JJG ××××—××××”；国家计量检定系统用汉语拼音缩写 JJG 表示，编号为“JJG 2×××—××××”，顺序号为 2000 号以上；国家计量技术规范用汉语拼音缩写 JJF 表示，编号为“JJF ××××—××××”。

12. 什么是国家计量检定系统表?

答:国家计量检定系统表又称为国家溯源等级图，是在国家范围内，对给定量的测量仪器有效的一种溯源等级图，包括推荐（允许）的比较方法和手段。

13. 什么是检定?

答:检定是指测量仪器的检定或计量器具的检定，指查明和确认测量仪器符合法定要求，确认其是否合格所进行的全部工作，包括检查、加标记、出具检定证书。

14. 什么是校准?

答:校准是指在规定条件下的一组操作，确定由测量标准提供的量值与相应示值之间的关系。

15. 检定按管理环节可分为哪几类?

答:分为首次检定、后续检定（包括强制性周期检定、修理后检定、周期检定有效期内的检定）、仲裁检定。

16. 什么是量、量值、计量单位?

答:量是指现象、物体或物质的特性，其大小可以用一个数和一个参照对象表示。量可以是一般概念的量也可以是特定量。参考对象可以是一个计量单位、测量程序、标准物质或其组合。

量值是量的值，是用数和参考对象一起表示量的大小。

计量单位是根据约定定义和采用的标量，任何其他同类量可与其比较使两个量之比用一个数表示。

17. 基本量有哪些? 基本单位是什么?

答:在给定量制中约定选取的一组不能用其他量表示的量就是基本量。在国际单位制中，基本量有 7 个：长度、质量、时间、电流、热力学温度、物质的量、发光强度。它们是互相独立的量。

基本单位是对基本量约定采用的计量单位。

18．什么是导出量、导出单位?

答：在量制中可用基本量定义的量是导出量，导出量通过基本量的数学运算得到。

导出量的测量单位即导出单位，导出单位由基本单位按一定的物理关系构成新的计量单位。

19．什么是量制、量纲?

答：量制是在科学领域中约定选取的基本量和与之存在确定关系的导出量的特定组合。

量纲是给定量与量制中各基本量的一种依从关系，用与基本量相应的因子的幂的乘积去掉所有数字因子后的部分表示。

20．什么是单位制、国际单位制?

答：对给定量制的一组基本单位、导出单位、其倍数单位和分数单位，以及使用这些单位的规则就是单位制，又称计量单位制。

由国际计量大会批准采用的基于国际量制的单位制叫国际单位制，缩写为 SI。

21．国际单位制由哪些组成？基本单位有哪些?

答：国际单位制（SI）由 SI 基本单位、SI 导出单位、SI 单位的倍数单位和分数单位组成。

对长度、质量、时间、电流、热力学温度、物质的量、发光强度这七个基本量分别定义了一个单位，组成国际单位制的基本单位。其单位名称分别为：米、千克、秒、安（培）、开（尔文）、摩（尔）、坎（德拉）。

22．什么是法定计量单位?

答：国家法律法规规定使用的计量单位即法定计量单位。

23．我国法定计量单位的组成是什么?

答：我国法定计量单位由国际单位制的基本单位、国际单位制的辅助单位、国际单位制中具有专有名称的导出单位、国家选定的非国际单位制单位、由以上单位构成的组合形式的单位、由国际单位制词头和以上单位所构成的十进倍数和分数单位组成。

24．什么是测量?

答：通过试验获得并合理赋予某量一个或多个量值的过程。

25．什么是计量学? 计量学如何分类?

答：计量学是指测量及其应用的科学。

按计量应用范围可分为：法制计量、科学计量、工业计量（工程测量）。

按计量专业可分为：几何量计量、热学计量、力学计量、电磁学计量、电子学计量（无线电计量）、时间频率计量、电离辐射计量、声学计量、光学计量、化学计量。

26．计量的目的是什么?

答：计量是实现单位统一、量值准确可靠的活动，为国民经济和科学技术的发展服务。

27．计量的特点是什么?

答：计量具有准确性、一致性、溯源性、法制性的特点。

准确性是测量结果与被测量真值的接近程度。

一致性是计量单位统一和单位量值一致。

溯源性是确保单位统一和量值准确可靠的重要途径。

法制性是因计量的社会性本身就要求有一定的法治性来保障。

28. 什么是量的真值？约定量值和真值的区别是什么？

答：量的真值是与量的定义一致的量值。

真值是唯一的，但因定义和原理的不完善，真值却是不可知的。

约定真值是对给定目的，有协议赋予某量的量值。

约定真值通常被认为具有适当小（趋于零）的测量不确定度。

29. 什么是测量结果？

答：测量结果是与其他有用的相关信息一起赋予被测量的一组量值。测量结果通常被表示为测量的量值和一个测量不确定度。

30. 什么是测量误差？

答：测量误差是测得的量值减去参考量值，包括系统误差和随机误差。

31. 什么是系统测量误差？如何发现并减小系统误差？

答：系统误差是在重复测量中保持不变或按可预见方式变化的测量误差的分量。

在规定的测量条件下多次测量同一个被测量，从被测量的测得值与计量标准所复现的量值之差可以发现并得到恒定的系统误差的估计值。在测量条件改变时，测得值按某一确定的规律变化，线性或非线性的增大或减小，可以发现测量结果在存在可变的系统误差。

减小系统误差的方法：对于系统误差已知的部分，可以对测得值进行修正来减小系统误差；在试验过程中尽可能减少或消除一切产生系统误差的因素；选择可使系统误差抵消而不带入测得值中的测量方法。

32. 什么是随机测量误差?

答：随机误差是在重复测量中按不可预见方式变化的测量误差的分量。

33. 测量准确度、测量正确度、测量精密度的区别是什么?

答：测量准确度是被测量的测得值与其真值间的一致程度。当测量提供较小的测量误差时，就说该测量是较准确的，其测量准确度较高。

测量正确度是无穷多次重复测量所得量值的平均值与一个参考量值间的一致程度。当系统测量误差小时，可以说测量正确度高。

测量精密度是在规定条件下，对同一或类似被测对象重复测量所得示值或测得值间的一致程度。通常用不精密程度的数字形式来表示测量精密度。

34. 什么是测量不确定度?

答：测量不确定度是根据所用到的信息，表征赋予被测量量值分散性的非负参数。

35. 什么是标准不确定度、合成标准不确定度和扩展不确定度?

答：用标注偏差的估计值表示测得值的分散性是标准不确定度。

由各标准不确定度分量合成得到的标准不确定度是合成标准不确定度。

合成标准不确定度与一个大于 1 的数字因子的乘积即扩展不确定度，就是将合成不确定度扩展了倍数。

36. 测量仪器按输出形式的特点如何分类?

答：按输出形式可分为：指示式测量仪器、显示式测量仪器、模拟式测量仪器、数字式测量仪器、记录式测量仪器。

37. 实物量具的特点是什么?

答：实物量具是以固定形态复现或提供量值的测量仪器，它具有一个或多个已知量值，通常用标称值来表示，且该已知量值在使用中能持续保持。

38. 什么是示值、示值区间、标称示值区间、标称示值区间的量程?

答：示值是由测量仪器或测量系统给出的量值。

示值区间是极限示值界限内的一组量值。

标称示值区间简称量程，通常用它的最大和最小示值表示。

标称示值区间的量程，是标称示值区间的两极限量值之差的绝对值。

39. 什么是测量系统的灵敏度?

答：测量系统的示值变化除以相应的被测量值变化所得的商。

40. 什么是鉴别阈?

答：引起相应示值不可检测到变化的被测量值的最大变化。

41. 什么是显示装置的分辨力?

答：能有效辨别的显示示值间的最小差值。

42. 灵敏度、鉴别阈、分辨力的区别是什么?

答：灵敏度由测量原理决定，鉴别阈由测量原理和制造水平共同决定。鉴别阈是一种性能参数，需要通过测量才能确定。分辨力是测量仪器或显示装置的设计参数，其数值不需要测量来确定。

43. 什么是测量仪器漂移?

答：是指由于测量仪器计量特性的变化引起的示值在一段时间内连续或增量变化。

44. 什么是测量仪器的响应特性?

答: 在确定条件下，激励（输入信号）与对应响应（输出信号）之间的关系。

45. 什么是测量仪器的稳定性?

答: 测量仪器保持其计量特性随时间恒定的能力，即稳定性。

46. 什么是测量仪器准确度等级？如何评价计量器具的准确度等级?

答: 在规定工作条件下，符合规定的计量要求，是测量误差或仪器不确定度保持在规定极限内的测量仪器或测量系统的等级或级别。

测量仪器的准确度等级应根据检定规程的规定进行评定，可以按最大允许误差评定准确度等级，也可按示值的校准值的测量不确定度评定准确度等级。当被评定的测量仪器包含多个测量范围或多个参数，且分别对应不同准确度等级时，应分别评定各个测量范围或各个参数的准确度等级。

47. 什么是测量仪器示值误差？如何评定计量器具的示值误差?

答: 示值误差是测量仪器示值与对应输入量的参考值之差。因示值误差是对真值而言的，而真值是不能确定的，实际上使用约定真值或标准值来确定测量仪器的示值误差。当接受高等级计量标准器具检定或校准时，标准器复现的量值即为约定真值。所以评定计量器具的示值误差可以表示为高一等级计量标准所提供的量值与被检仪器的指示值之差。

48. 什么是测量仪器最大允许测量误差？可以用什么来表示?

答: 最大允许误差是给定的测量仪器或测量系统，有规范或规程所允许的，相对于已知参考量值的测量误差的极限值。

可以用绝对误差、相对误差、引用误差或它们的组合形式表示。

49. 绝对误差、相对误差、引用误差分别怎么计算?

答: 绝对误差是被检仪器的示值与标准值之差。

相对误差是绝对误差与相应示值之比的百分数，可用测量仪器的示值误差除以相应示值得出。

引用误差是绝对误差与特定值之比的百分数。常用仪器测量范围的上限值或量程作为特定值。

50. 最大允许误差、测量仪器的示值误差、测量结果的测量不确定度的区别是什么?

答: 最大允许误差是技术规范所规定的允许的误差的极限值，是判定仪器是否合格的一个规定要求。测量仪器的示值误差是测量仪器的示值与参考量值之差，是通过检定、校准确定其大小的一个值，可用于评价是否满足最大允许误差的要求。测量不确定度是表征被测量量值分散性的参数，表示被测量的量值以一定概率偏离测得值的范围，用于说明测量结果的可信程度。

51. 参考工作条件、额定工作条件、极限工作条件的区别是什么?

答: 参考工作条件是为测量仪器或测量系统的性能评价或测量结果的相互比较而规定的工作条件。

额定工作条件是为使测量仪器或测量系统按设计性能工作，在测量时必须满足的工作条件。

极限工作条件是为使测量仪器或测量系统所规定的计量特性不受损害也不降低，其后仍可在额定工作条件下工作，所能承受的极端工作条件。

52. 标准不确定度的评定方法有哪几类?

答: 标准不确定度的评定方法有 A 类评定和 B 类评定。

53．测量不确定度的来源有哪些?

答：包括被测量的定义不完整；复现被测量的测量方法不理想；取样的代表性不够；测量过程受环境影响的认识不足或对环境的控制不完善；对模拟式仪器的读数存在人为偏差；测量仪器的计量性能的局限性；测量标准或标准物质提供的量值不准确；测量方法和测量程序的近似和假设；在相同条件下被测量在重复观测中的变化。

54．测量不确定度的评定步骤是什么?

答：步骤依次为明确被测量，给出被测量的定义或测量过程简述；分析不确定度来源并写出测量模型；评定测量模型中的各输入量的标准不确定度；按各输入量的相关性计算合成标准不确定度；列出不确定度分量的汇总表，给出各个分量的详细信息；对被测量的概率分布进行估计，根据概率分布确定包含因子；由合成标准不确定和包含因子的乘积得到扩展不确定度；给出测量不确定度的最后陈述，给出扩展不确定度的信息。

55．最终报告时，测量不确定度取几位有效数字?

答：在报告测量结果时，不确定度只能是1～2位有效数字。在不确定度计算过程中可以适当多保留几位有效数字，以免运算过程中修约误差影响报告的不确定度。最终报告的测量不确定度有效位数取决于修约误差限的绝对值占测量不确定度的比例大小。当测量要求较高时，一般取两位有效数字。当第一位有效数字是1或者2时，应保留两位有效数字。除此之外，对测量要求不高的情况可以保留一位有效数字。

56．什么是测量标准?

答：指具有确定的量值和相关联的测量不确定度，实现给定量定义的参考对象。

57. 我国测量标准是如何分类的?

答: 我国将计量标准分为计量基准、计量标准、标准物质。其中,计量基准分为基准和副基准;计量标准分为最高等级计量标准和其他等级计量标准;标准物质分为一级标准物质和二级标准物质。

58. 量值传递和量值溯源的区别与关系是什么?

答: 量值传递是通过对测量仪器的校准或检定,将国家测量标准所实现的单位量值通过各等级的测量标准传递到工作计量器具的活动,以保证测量所得的量值准确一致。

量值溯源是通过文件规定的不间断的校准链,测量结果与参照对象联系起来的特性,校准链中的每项校准均会引起测量不确定度。

量值传递和量值溯源是同一过程的两种不同表达,量值传递是自上而下的逐级传递,量值溯源是自下而上的自愿行为。

59. 计量基准的地位和作用是什么?

答: 计量基准是一个国家量值的源头。我国的计量基准是经国务院计量行政部门批准作为统一全国量值的最高依据,全国的各级计量标准和工作计量器具的量值都要溯源于计量基准。计量基准可以进行仲裁检定。计量基准可以代表国家参加国际比对,使量值与国际计量基准保持一致。

60. 计量标准的作用和地位是什么?

答: 计量标准是指准确度低于计量基准,用于检定或校准其他计量标准或工作计量器具的测量标准。我国计量标准按其法律地位和使用管理范围的不同,可分为社会公用计量标准、部门计量标准、企事业单位计量标准。

计量标准在我国量值传递和量值溯源中处于中间环节,起承上启下的作用。计量标准将计量基准复现的量值,通过检定或校准的方式传递到工作计量器具,确保工作计量器具的准确可靠和统一,使得工作计量器具进行测量得到的数据可以溯源到计量基准。

61. 计量技术机构的质量管理体系文件应包含哪些内容?

答：计量技术机构应将其政策、制度、计划、程序和作业指导书制定成文件，并达到确保机构的检定、校准、检查结果质量管理所需要的程度。管理体系文件包括质量方针和质量目标、质量手册、程序文件、作业指导书、表格、质量计划、规范、外来文件、记录等。

62. 为保证检定、校准、检测工作的正常开展，计量技术机构需要具备哪些资源?

答：为保证检定、校准、检测的正确性和可靠性的资源包括人员、设施和环境条件、测量设备及检定、校准和测量方法等。

63. 检定、校准、检测人员培训的内容包括哪些?

答：包括计量法律法规、计量综合知识、测量数据处理及计量专业实务。

64. 检定、校准、检测工作的实施包括哪些基本过程?

答：检定、校准、检测工作的实施包括：

（1）检定、校准、检测实施的策划。

（2）与客户有关的过程。

（3）检定、校准、检测方法及方法的确认。

（4）服务和供应商的采购。

（5）分包。

（6）量值溯源。

（7）抽样。

（8）检定、校准、检测物品的处置。

（9）检定、校准、检测质量的保证。

（10）原始记录和数据处理。

（11）结果报告。

65. 检定、校准、检测的原始记录应包含哪些信息?

答: 包括检定、校准、检测对象的名称、编号、型号规格、原始状态、外观特征；测量过程中使用的仪器设备；检定、校准、检测的日期和人员；当时的环境参数；计量标准器具提供的标准值和所获得的每一个测量数据；对数据的处理及合格性判定；测量结果的不确定度。

66. 为什么要保存原始记录?

答: 原始记录是证书、报告的信息来源，是证书报告所承担法律责任的原始凭证，因此原始记录要保存一定时间，以便有需要时可供追溯。

67. 对检定、校准结果的报告有哪些基本要求?

答: 要求准确、清晰、明确、客观地报告每一项检定、校准结果。

进行检定工作，必须按《计量检定印、证管理办法》的规定，出具检定证书或加盖检定合格印。当被检定的仪器已被调整或修理，应保留调整、修理前后的检定记录，并报告调整、修理前后的检定结果。

进行校准工作应出具校准证书，并符合有关的技术规范的规定。校准证书中给出校准值或修正值时，应同时给出它们的不确定度。当被校准的仪器已被调整或修理时，应报告调整或修理前后的校准结果。

68. 仪器设备的状态标识是什么？如何使用?

答: 仪器设备的状态标识是反映该仪器设备的检定、校准是否在有效期内的一种标识。应在仪器设备上贴上反映检定、校准状态的状态标识。状态标识应贴在设备机身显著位置，其内容应包含检定、校准的日期及有效期。当前的检定或校准状态标识应覆盖上一次检定或校准的状态标识。

69. 什么是期间核查？哪些仪器要进行期间核查？

答：期间核查是根据规定的程序，为了确定计量标准、标准物质或其他测量仪器是否保持原有状态而进行的操作。

核查的对象是计量标准、标准物质或其他对测量结果有影响的测量仪器。

70. 建立计量标准的依据和基本条件是什么？

答：法律依据为《中华人民共和国计量法》《中华人民共和国计量法实施细则》《计量标准考核办法》。技术依据为《计量标准考核规范》、国家计量检定系统表、相应的计量检定规程或计量技术规范。基本条件包括计量标准器具应经计量检定合格或有效校准，具有正常工作所需要的环境条件，具有相应能力的保存、维护、使用人员，具有完善的管理制度。

71. 计量标准考核包括哪些方面？

答：计量标准考核包括计量标准器及其配套设备、计量标准的主要计量特性、环境条件及设施、人员、文件集、计量标准测量能力的确认等 6 方面共 30 项。

72. 建立计量标准需要做好哪些技术准备？

答：按照计量标准考核规范的要求应准备：

（1）科学合理、完整齐全的配置计量标准器和配套设备。

（2）计量标准器及主要配套设备应取得有效检定或校准证书。

（3）新建计量标准应至少经过半年的试运行，在此期间考察计量标准的稳定性等计量特性，确认其符合要求。

（4）环境条件及设施应满足开展检定或校准工作的要求，按要求对环境条件进行有效监测和控制。

（5）每个项目配备至少两名具有相应能力的检定或校准人员，并指定一名计量标准负责人。

（6）建立计量标准的文件集。

73. 计量标准的主要计量特性包括哪几个方面?

答: 包括计量标准的测量范围、计量标准的不确定度或准确度等级或最大允许误差、计量标准的稳定性、计量标准的其他计量特性（相应计量检定规程或计量技术规范上要求的灵敏度、鉴别阈、分辨力、漂移、死区、响应特性等）。

74. 如何进行计量标准的维护?

答:

（1）建标单位应指定专门的人员，负责计量标准的保管、管理和维护工作。

（2）每年至少进行一次检定或校准结果的重复性试验和计量标准稳定性考核。监督计量标准的正常状态。

（3）制订计量标准器及其配套设备量值溯源计划，并实施。保证计量标准溯源的有效性、连续性。

（4）使用标签或其他标识表明计量标准器及配套设备的检定或校准状态，及检定或校准的日期和失效日期。

（5）当计量标准器及其配套设备检定或校准后产生了一组修正因子时，应确保其所有备份得到及时、正确的更新。

（6）当计量标准标准器及配套设备离开实验室而失去直接或持续控制时，计量标准器及其配套设备在使用前应对其功能和检定或校准状态进行核查。

（7）计量标准器及配套设备出现过载、处置不当、给出可疑结果、显示出缺陷等情况时，应停止使用。功能恢复后，须重新检定合格或校准后使用。

（8）取得计量标准考核证书的计量标准，要自觉加强考核后的管理，对计量标准的更换、改造、复查、封存、撤销等，均应按计量标准考核规范的要求实施管理。

（9）积极参与由主持考核的人民政府计量行政部门组织或其认可的实验室之间的比对等测量能力的验证活动。

（10）计量标准的文件集应当实施动态管理，及时更新。

75. 什么是计量安全防护?

答：计量安全防护是指在计量工作及相关活动中人员、设备的安全和防护。

76. 什么是安全、危险、事故、风险? 它们之间的关系是什么?

答：安全指没有危险，不受威胁和不出事故的状态。

危险是指可能导致人身伤害或疾病、设备或财产损失以及工作环境破坏的状态。

事故是造成人员死亡、疾病、伤害、损坏及其他的意外情况。

风险是危险源可能会引起事故的发生，某一个或某些危险源引发事故的可能性和其可能造成的后果。

之间的关系：了解什么是危险，通过识别危险源，进行风险评估，采取防护措施，达到降低风险、减少或避免事故的发生，最终实现计量安全防护的目的。

77. 什么是危险源?

答：危险源是指可能导致人身伤害或疾病、财产损失、工作环境破坏或这些情况的组合。

78. 计量安全防护有哪些基本方法?

答：

（1）辨识危险源，找到不安全因素。

（2）通过风险评估，分析危险源可能带来的危害程度，采取适当的措施进行风险控制，规划防护设施和应急措施。

（3）起草操作规范和安全防护规范。

（4）最大限度地为计量人员提供安全防护。

（5）实施计量过程的安全管理，保障计量人员的人身安全。

79. 现场开展检定、校准、检测应注意哪些安全事项?

答:

（1）了解现场的安全规定。

（2）佩戴必要的防护用品。

（3）对现场进行观察，观察环境条件和设备条件，观察区域中可能发生的危险，采取必要的防护。

（4）遵守现场的安全规定，在规定的区域通行和作业。

（5）打开自行携带的计量标准应有条不紊，摆放有序，防止摔碰，防止丢失；检查现场的电源、接地等设施是否符合要求。

（6）现场休息时应注意设备的安全，必要时及时收起容易丢失的物件，设置标识防止他人误摸误动。

二、温度计量

（一）单选题

1. 实验室室温 20℃应读作（**C**）。

（A）摄氏 20 度　　（B）摄氏度 20

（C）20 摄氏度　　（D）以上均可以

2. 用来定义热力学温度的单位 **K** 的固定点是（**B**）。

（A）冰点　　（B）水三相点

（C）水沸点

3. 国际上公认的最基本的温度是（**C**）。

（A）摄氏温度　　（B）华氏温度

（C）热力学温度　　（D）兰氏温度

4. 我国采用（**D**）作为测量温标。

（A）热力学温标　　（B）摄氏温标

（C）华氏温标　　（D）ITS-90 温标

5. 开尔文温标简称开氏温标，也称为（**C**）。

（A）华氏温标　　（B）摄氏温标

（C）热力学温标　　（D）莱氏温标

6. 热力学温度 T（单位为 **K**）和摄氏温度 t（单位为℃）之间的关系为（**C**）。

（A）$t=T-273.16$　　（B）$t=T+273.16$

（C）$t=T-273.15$　　（D）$t=T+273.15$

7. 电测设备是用以测量标准铂电阻温度计的电阻值，同时也是测量被检热电阻阻值的标准器，需要与转换开关配合使用。要求转换开关的接触电动势至少不大于（**C**）。

（A）0.4μV　　（B）0.5μV

（C）1.0μV　　（D）1.2μV

8. 热力学温度的单位名称为（**B**），单位符号为（**B**），定义为水三相点温度的（**B**）。

（A）摄氏度，℃；1/273.16　　（B）开（尔文），K；1/273.16

（C）开（尔文），K；1/273.15　　（D）摄氏度，℃；1/273.15

9. **JJG 229—2010**《工业铂铜热电阻》在数据处理中以修约误差不大于允许偏差的（**C**）为原则，规定了允许偏差检定时电阻值和 **$\Delta\alpha$** 的修约间隔（**C**）。

（A）1/3、1/10　　（B）1/4、1/20

（C）1/10、1/20　　（D）1/20、1/10

10. 测量误差是（**A**），测量不确定度是表征（**A**）。

（A）测量结果偏离真值的大小；测量结果的分散性

（B）测得值与参考值的差值；测量结果的分散性

（C）测量结果偏离真值的大小；测得值与参考值的差值

（D）测量结果偏离真值的大小；测量结果的重复性

11. **JJG 229—2010**《工业铂铜热电阻》中规定了最小插入深度，即合适的插入深度是在热平衡后继续增加插入深度（**C**），在重新达到热平衡后电阻值的变化不应超过允许偏差的（**C**）。

（A）1cm；2%　　（B）5cm；2%

（C）1cm；5%　　（D）5cm；5%

12. 对保护管可拆卸的热电阻，可将感温元件连同引出线一并从内衬管和保护管中取出，放置在内径略大于感温元件直径的玻璃试管中，管口用脱脂棉塞紧，插入冰点槽，被一层不小于（**C**）的冰水混合物所包围，在测量前必须将冰水混合物压紧以消除气泡，测量中也要始终维持该状态。

（A）10mm　　（B）20mm　　（C）30mm　　（D）50mm

13. 对保护管不可拆卸的热电阻，检定时必须要有（**D**）的热平衡时间，待测量数据稳定后方可读数。

（A）10min　　（B）30min　　（C）60min　　（D）足够

14. 传感器为线绕元件的 **AA** 级工业铂热电阻，其有效温度范围是（**D**）。

（A）–100℃～+500℃　　（B）–150℃～+450℃

（C）–80℃～+250℃　　（D）–50℃～+250℃

15. 传感器为线绕元件的 **A** 级工业铂热电阻，其有效温度范围是（**A**）。

（A）–100℃～+450℃　　（B）–150℃～+500℃

（C）–150℃～250℃　　（D）–50℃～250℃

16. 传感器为线绕元件的 **B** 级铂热电阻，其有效温度范围是（**D**），最大允许偏差为（**D**）。

（A）–150℃～+600℃；±（0.15℃+0.003$|t|$）

（B）–150℃～+600℃；±（0.30℃+0.005$|t|$）

（C）–196℃～+600℃；±（0.15℃+0.003$|t|$）

（D）–196℃～+600℃；±（0.30℃+0.005|t|）

17. **A** 级工业铂热电阻，在有效温度范围（**D**）内的允许偏差为（**D**）。

（A）–150℃～+450℃；±（0.100℃+0.002|t|）

（B）–150℃～+450℃；±（0.150℃+0.002|t|）

（C）–100℃～+450℃；±（0.100℃+0.002|t|）

（D）–100℃～+450℃；±（0.150℃+0.002|t|）

18. 工业热电阻 **0**℃检定时，恒温槽的温度应控制在（**B**）。

（A）0.0℃±0.04℃ （B）0.0℃±0.2℃

（C）0.0℃±0.5℃ （D）0.0℃±1.0℃

19. 工业热电阻 **100**℃检定时，恒温槽的温度偏离 **100**℃应控制在（**D**）。

（A）±0.2℃ （B）±0.5℃

（C）±1.0℃ （D）±2.0℃

20. 考虑恒温槽温度随时间变化的因素，应在尽可能短的时间内采用交替测量热电阻和标准铂电阻的办法，规程要求交替重复不少于（**C**）（包括电流换向），分别取（**C**）作为测量结果。

（A）2 次；最大值 （B）4 次；最大值

（C）4 次；平均值 （D）6 次；平均值

21. 在测量两线制的热电阻时，应接成（**B**）进行。应考虑从感温元件连接点到热电阻端子间内引线的电阻值，若制造商提供引线的电阻值，则测量结果应（**B**）。

（A）二线制；包括在感温元件内

（B）四线制；扣除引线电阻值

（C）四线制；包括在感温元件内

（D）二线制；扣除引线电阻值

22． **JJG 229—2010**《工业铂铜热电阻》要求检定用恒温槽的温度范围为（**A**），其水平温场不大于（**A**），垂直温场不大于（**A**）；温度波动 **10min** 变化不大于 **0.04**℃。

（A）–50℃～+300℃；0.01℃；0.02℃

（B）–10℃～+150℃；0.01℃；0.02℃

（C）–10℃～+150℃；0.005℃；0.01℃

（D）–50℃～+300℃；0.005℃；0.01℃

23． 冰点槽是利用（**A**）的物理现象，在一个大气压下冰与水达到热平衡后其界面的温度为 **0**℃。制冰的水和加入冰槽的水必须纯净。冰水混合物必需压紧以消除气泡。水面应（**A**）。

（A）冰水混合物；低于冰面 10mm～20mm

（B）冰与水；低于冰面 10mm～20mm

（C）冰水混合物；与冰面齐平

（D）冰与水；与冰面齐平

24． 温度计插入冰点槽，被一层不小于（**B**）的冰水混合物所包围，在测量前必须将冰水混合物（**B**），测量中也要始终维持该状态。

（A）20mm；压紧以消除气泡

（B）30mm；压紧以消除气泡

（C）20mm；维持保温状态

（D）30mm；维持保温状态

25． 铂热电阻在经历最高工作温度（**D**）后，其 R_0 值的变化换算成温度后不得大于该热电阻（**D**）允许偏差的绝对值。

（A）720h；上限温度　　（B）720h；0℃

（C）672h；上限温度　　（D）672h；0℃

26. α 标称值可以用热电阻电阻比值 W_{100}^{I} 的标称值形式出现，两者的关系为（**A**）。

（A）$\alpha=(W_{100}^{\mathrm{I}}-1)\times100^{-1}$　　（B）$\alpha=W_{100}^{\mathrm{I}}-1$

（C）$\alpha=W_{100}^{\mathrm{I}}\times100^{-1}$

27. 重测 R_{tp} 的意义在于（**D**）。

（A）提高测量精密度　　（B）提高测量准确度

（C）减小测量误差　　（D）减小测量不确定度

28. 工业铂热电阻的 $(\mathrm{d}W_t^{\mathrm{I}}/\mathrm{d}t)_{t=100}=0.0037928$，则工业铂热电阻 **Pt100** 在 **100**℃的换算因子 $(\mathrm{d}R/\mathrm{d}t)_{t=100}$ 为（**A**）；**Pt1000** 在 **100**℃的换算因子 $(\mathrm{d}R/\mathrm{d}t)_{t=100}$ 为（**A**）。

（A）0.37928；3.7928　　（B）0.37928；0.037928

（C）0.37928；0.0037928　　（D）0.0037928；3.7928

29. 工业铂热电阻的 $(\mathrm{d}W_t^{\mathrm{I}}/\mathrm{d}t)_{t=100}=0.0039083$，则工业铂热电阻 **Pt100** 在 **0**℃的换算因子 $(\mathrm{d}R/\mathrm{d}t)_{t=1}$ 为（**C**）；**Pt1000** 在 **0**℃的换算因子 $(\mathrm{d}R/\mathrm{d}t)_{t=1}$ 为（**C**）。

（A）0.039083；0.39083　　（B）0.039083；0.0039083

（C）0.39083；3.9083　　（D）3.9083；0.39083

30. 恒温槽偏离检定点的温度由（**A**）测量得到。偏离 **100**℃的值 $\Delta t_{\mathrm{h}}^{*}$ 按公式（**A**）计算。

（A）标准铂电阻温度计；$\Delta t_{\mathrm{h}}^{*}=\left(\dfrac{R_{\mathrm{h}}^{*}}{R_{\mathrm{tp}}^{*}}-W_{100}^{\mathrm{S}}\right)\Big/(\mathrm{d}W_t^{\mathrm{S}}/\mathrm{d}t)_{t=100}$

（B）被检热电阻；$\Delta t_{\mathrm{h}}^{*}=\left(\dfrac{R_{\mathrm{h}}^{*}}{R_{\mathrm{tp}}^{*}}-W_{100}^{\mathrm{S}}\right)\Big/(\mathrm{d}W_t^{\mathrm{S}}/\mathrm{d}t)_{t=100}$

（C）标准铂电阻温度计；$\Delta t_{\mathrm{h}}^{*}=\left(\dfrac{R_{\mathrm{h}}^{*}}{R_{\mathrm{tp}}^{*}}-W_{\mathrm{r}}(100)\right)\Big/(\mathrm{d}W_{t}^{\mathrm{S}}/\mathrm{d}t)_{t=100}$

（D）被检热电阻；$\Delta t_{\mathrm{h}}^{*}=\left(\dfrac{R_{\mathrm{h}}^{*}}{R_{\mathrm{tp}}^{*}}-W_{\mathrm{r}}(100)\right)\Big/(\mathrm{d}W_{t}^{\mathrm{S}}/\mathrm{d}t)_{t=100}$

31. 工业热电阻铭牌 **1×Pt100/A/4/–150/+500** 应解读为：工业铂热电阻，（**C**）支传感器（**C**）线制 $\boldsymbol{R_0}$=**100Ω**，传感器为线绕元件时，有效温度范围是（**C**）。

（A）4；1；–100℃～+450℃，

（B）4；1；–150℃～+500℃

（C）1；4；–100℃～+450℃

（D）1；4；–150℃～+500℃

32. α 的的符合性与热电阻的等级有关，还与（**C**）有关。

（A）R_0　　（B）R_{100}

（C）Δt_0　　（D）Δt_{100}

33. 一支工业热电阻在 **0**℃和 **100**℃检定合格，如 α 偏离，则温度范围的上限不一定也合格，得看（**B**）的偏离程度。

（A）R_0 和 $\Delta\alpha$　　（B）R_0 和 α

（C）B 和 α　　（D）B 和 $\Delta\alpha$

34. 恒温槽温度偏离检定点的计算公式为 $\boldsymbol{\Delta t_i^{*}=\left(\dfrac{R_{\mathrm{i}}^{*}}{R_{\mathrm{tp}}}-W_0^{\mathrm{S}}\right)\Big/(\mathrm{d}W_t^{\mathrm{S}}/\mathrm{d}t)_{t=0℃}}$，其中 $\boldsymbol{R_{\mathrm{i}}^{*}}$ 为（**D**），$\boldsymbol{W_0^{\mathrm{S}}}$ 为（**D**）。

（A）被检热电阻 0℃的电阻值；被检电阻 0℃的电阻比

（B）被检热电阻 0℃的电阻值；标准铂电阻温度计检定证书中 0℃的电阻比

（C）标准铂电阻温度计在冰点槽中测得的电阻值；被检电阻0℃的电阻比

（D）标准铂电阻温度计在冰点槽中测得的电阻值；标准铂电阻温度计检定证书中0℃的电阻比

35. 热电阻经允许偏差检定后，0℃电阻值的计算公式为 $R_0' = R_i - \Delta t_i^* \cdot (dR/dt)_{t=0℃}$，其中 R_i 为（B），$(dR/dt)_{t=0℃}$ 为（B）。

（A）被检热电阻在冰点槽测得的电阻值；标准铂电阻在0℃的微分电阻

（B）被检热电阻在冰点槽测得的电阻值；被检热电阻在0℃的微分电阻

（C）标准铂电阻在冰点槽测得的电阻值；被检热电阻在0℃的微分电阻

（D）标准铂电阻在冰点槽测得的电阻值；标准铂电阻在0℃的微分电阻

36. 检定（C）级以上的热电阻，为减小测量不确定度，建议在（C）中测量，通过计算得到 R_0 值。

（A）A；冰点槽　　（B）AA；冰点槽

（C）AA；水三相点瓶　　（D）A；水三相点瓶

37. $\Delta\alpha$ 的取值按规程中的范围函数计算得到，其中AA级和A级修约至（B），B级、C级和铜热电阻修约至（B）。因此，计算时A级铂热电阻的 α_0 取（B）。

（A）10^{-7}；10^{-5}；0.003851　　（B）10^{-7}；10^{-6}；0.0038506

（C）10^{-6}；10^{-7}；0.0038506　　（D）10^{-5}；10^{-7}；0.003851

38. 三线制热电阻要按两种方式接成（C）。在计算公式 $R_t = 2R_a - R_b$ 中含有一根引线电阻的为（C），含两根引线电阻的为（C）。

（A）两线制；R_a；R_b （B）三线制；R_b；R_a
（C）四线制；R_a；R_b （D）四线制；R_b；R_a

39. 三线制热电阻进行 **0**℃允许偏差检定的计算公式为 $\boldsymbol{R_t = 2R_a - R_b}$，其中 $\boldsymbol{R_a}$ 和 $\boldsymbol{R_b}$ 分别取电测仪器测得被检热电阻两次测量的电阻值，并需（**A**），两次测量期间恒温槽温度（**A**）。

（A）分别进行槽温修正；可以略微变化
（B）进行一次槽温修正；可以略微变化
（C）分别进行槽温修正；应不变
（D）进行一次槽温修正；应不变

40. 在相同的温度变化范围内，分度号 **Pt100** 铂热电阻比 **Pt10** 铂热电阻变化范围大，因而灵敏度较（**A**）。

（A）高 （B）低 （C）一样

41. 一般的情况，铜热电阻的测温范围比铂热电阻的测温范围（**B**）。

（A）宽 （B）窄 （C）一样

42. 温度越高，铂、镍、铜等材料的电阻值越（**A**）。

（A）大 （B）小
（C）不变 （D）不确定

43. 消除测量回路寄生热电动势的影响的最常用的方法是（**B**）。

（A）屏蔽法 （B）交换电源极性法
（C）多次测量取值法

44. 电阻温度系数 $\boldsymbol{\alpha}$ 的定义为（**D**）。

（A）温度变化 1℃时引起电阻的变化量
（B）温度变化 1℃时引起电阻比的变化量

（C）0℃～419.527℃范围内温度平均变化 1℃时引起电阻的相对变化量

（D）0℃～100℃范围内温度平均变化 1℃时引起电阻的相对变化量

45. 用相同的 $R_0=100\,\Omega$，不同的 W_{100} 的 4 支工业铂电阻配现行检定规程指定的统一分度表测温，用 W_{100} 为（**B**）的工业电阻来测温的准确度高。

（A）1.3910　　（B）1.3850

（C）1.39230　　（D）1.39250

46. 标准铂电阻温度计采用 W_t 计算温度的主要目的是（**A**）。

（A）减少因采用不同电测仪器和温度计不稳定性所引起的误差

（B）简化温度计的计算方法

（C）W_t-t 的线性关系较好，便于内插使用

（D）减小自热效应的影响

47. 标准铂电阻温度计采用四线制的主要目的是（**B**）。

（A）减少外界干扰造成的误差

（B）消除引线电阻和杂散电动势带来的误差

（C）减小环境温度变化引起的误差

（D）配合专用电测仪器使用

48. 标准铂电阻温度计及线绕电阻阻丝中的应力通常会引起（**B**）。

（A）电阻减小　　（B）电阻增加

（C）α 值上升　　（D）α 值时升时降

49. 温度计使用时都要有足够的插入深度，其主要目的是（**A**）。

（A）消除导热误差　　（B）避免外界干扰

（C）稳定杂散电动势　　（D）消除辐射误差

50. 在高精度场合，用热电阻测温时，为了完全消除引线内阻对测量的影响，热电阻引线方式采用（**C**）。

（A）二线制　　（B）三线制

（C）四线制　　（D）五线制

51. **JJF 1637—2017**《廉金属热电偶校准规范》适用的温度测量范围为（**B**）。

（A）–40℃～1100℃　　（B）–40℃～1200℃

（C）–40℃～1300℃　　（D）–30℃～1100℃

52. 根据 **JJF 1637—2017**《廉金属热电偶校准规范》，校准的廉金属热电偶长度不能短于（**A**）**mm**。

（A）500　　（B）600

（C）700　　（D）750

53. 镍铬硅-镍硅镁材质的廉金属热电偶对应的分度号为（**B**）。

（A）K　　（B）N

（C）E　　（D）J

54. 分度号为 **K** 的廉金属热电偶电极材质是（**A**）。

（A）镍铬-镍硅　　（B）镍铬硅-镍硅镁

（C）镍铬-铜镍　　（D）铁-铜镍

55. **1** 级镍铬-镍硅热电偶，在 **375**℃～**1000**℃温度范围的允许偏差为（**C**）。

（A）±1.5℃　　（B）±2.5℃

（C）$\pm 0.004\times t$　　（D）$\pm 0.0075\times t$

56. 校准廉金属热电偶所使用的油恒温槽，要求在有效工作区域内任意两点温差不大于（**C**）。

（A）0.01℃ （B）0.05℃

（C）0.1℃ （D）0.2℃

57. **400**℃时，校准 **1** 级廉金属热电偶所使用的测量标准为（**D**）。

（A）标准水银温度计

（B）标准铂电阻温度计

（C）二等标准铂铑 10-铂热电偶

（D）一等标准铂铑 10-铂热电偶

58. **200**℃时，校准 **1** 级廉金属热电偶所使用的测量标准为（**B**）。

（A）标准水银温度计

（B）标准铂电阻温度计

（C）二等标准铂铑 10-铂热电偶

（D）一等标准铂铑 10-铂热电偶

59. **2** 级镍铬-镍硅热电偶，在 **333**℃～**1200**℃温度范围的允许偏差为（**D**）。

（A）±1.5℃ （B）±2.5℃

（C）$\pm 0.004\times t$ （D）$\pm 0.0075\times t$

60. **600**℃时，校准 **2** 级廉金属热电偶所使用的测量标准为（**C**）。

（A）标准水银温度计

（B）标准铂电阻温度计

（C）二等标准铂铑 10-铂热电偶

（D）一等标准铂铑 10-铂热电偶

61. 校准廉金属热电偶所使用的管式炉，应配置均温块：有效工作区域轴向（**A**）**mm** 内，任意两点温差绝对值不大于（**A**）℃。

（A）30；0.5　　（B）60；0.5

（C）30；1.0　　（D）60；1.0

62. 廉金属热电偶 **300**℃以下点的校准，当测量标准温度偏离校准温度点（**B**）℃以内，温度变化每分钟不超过（**B**）℃时开始读数。

（A）±1；0.05　　（B）±1；0.1

（C）±2；0.05　　（D）±2；0.1

63. 镍铬-铜镍材质的廉金属热电偶对应的分度号为（**C**）。

（A）K　　（B）N

（C）E　　（D）J

64. 廉金属热电偶 **300**℃以下点的校准，要求每支热电偶的读数不少于（**B**）次。

（A）2　　（B）4

（C）6　　（D）8

65. 校准廉金属热电偶所使用的多点转换开关，要求各路寄生电动势及各路寄生电动势之差均不大于（**C**）**μV**。

（A）0.2　　（B）0.4

（C）0.5　　（D）1.0

66. 校准廉金属热电偶所使用的参考端恒温器，要求工作区域温度变化为（**C**）。

（A）（0±0.02）℃　　（B）（0±0.05）℃

（C）（0±0.1）℃　　（D）（0±0.2）℃

67. 廉金属热电偶 **300**℃以下点的校准，在每一校准温度点的整个读数过程，温度的变化不得大于（**A**）℃。

（A）0.1　　（B）0.2
（C）0.5　　（D）1.0

68. 校准廉金属热电偶所使用的补偿导线，要求温度范围为（**A**）时允许偏差小于±**0.2**℃。

（A）室温～70℃　　（B）室温～50℃
（C）0℃～70℃　　（D）0℃～50℃

69. 在被校热电偶测量温度范围内，至少校准（**A**）个温度点，参照 **JJF 1262—2010**《铠装热电偶校准规范》选取校准温度点，也可根据客户要求选择其他校准温度点。

（A）3　　（B）4
（C）5　　（D）随意

70. 如果被校热电偶电极信号输出端无法插入参考端恒温器内，可用（**A**）的一端与其连接。

（A）约 500mm 补偿导线　　（B）约 500mm 铜导线
（C）任意长度补偿导线　　（D）任意长度铜导线

71. 参考端恒温器要求插入深度应不小于（**B**）**mm**。

（A）100　　（B）150　　（C）200　　（D）250

72. 校准廉金属热电偶所使用的补偿导线，要求允许偏差为（**D**）。

（A）±0.5℃　　（B）±0.4℃
（C）±0.3℃　　（D）±0.2℃

73. 校准 **300**℃以上 **1** 级廉金属热电偶所使用的电测仪表，要求准确度等级和分辨力不低于（**A**）。

（A）0.01 级；0.1μV （B）0.02 级；0.1μV

（C）0.01 级；1μV （D）0.02 级；1μV

74. 校准廉金属热电偶所使用的管式炉，应配置均温块：有效工作区域径向半径不小于 **14mm** 内，同一截面任意两点的温差绝对值不大于（**B**）℃。

（A）0.20 （B）0.25

（C）0.50 （D）0.75

75. **300**℃以上温区热电偶的校准，校准应由低温向高温逐点升温进行，校准时要求测量标准温度偏离校准温度点（**D**）℃以内。

（A）±2 （B）±3

（C）±4 （D）±5

76. **2** 级镍铬-铜镍热电偶在− **40**℃～**333**℃温度范围内其允许偏差为（**B**）。

（A）±1.5℃ （B）±2.5℃

（C）$\pm 0.004 \times t$ （D）$\pm 0.0075 \times t$

77. **300**℃以上温区热电偶的校准，当测量标准温度变化每分钟不超过（**A**）℃时开始读数。

（A）0.2 （B）0.3

（C）0.4 （D）0.5

78. 铁-铜镍材质的廉金属热电偶对应的分度号为（**D**）。

（A）K （B）N

（C）E （D）J

79. 廉金属热电偶 **300**℃以下点的校准，将被校热电偶与测量标准置于恒温设备中，测量标准感温点与被校热电偶测量端置于有效工作区域的同一水平位置，插入深度应不小于（**B**）。

（A）150mm （B）200mm

（C）250mm （D）300mm

80. **1** 级镍铬硅-镍硅镁热电偶在– **40**℃～**375**℃温度范围内其允许偏差为（**A**）。

（A）±1.5℃ （B）±2.5℃

（C）$\pm 0.004\times t$ （D）$\pm 0.0075\times t$

81. 在 **1000**℃校准温度点附近，测得标准铂铑 **10**-铂热电偶热电动势的算术平均值$\bar{e}_{标}$为 **9.571mV**，从标准铂铑 **10**-铂热电偶检定证书中查得 **1000**℃时热电动势 $e_{标证}$为 **9.595mV**，微分热电动势 $S_{标}$为 **0.012mV/**℃，则此时管式炉内实际温度为（**B**）。

（A）999.0℃ （B）998.0℃

（C）1001.0℃ （D）1002.0℃

82. 在 **200**℃校准温度点附近，参考端为 **0.0**℃，被校 **E** 型热电偶未接补偿导线，测得被校热电偶的热电动势值为 **13.440mV**，标准水银温度计测得温场的实际温度为 **200.05**℃（从分度表查得，在 **200**℃时微分热电动势 $S_{被}$为 **0.074mV/**℃），被校热电偶在 **200**℃时的热电动势为（**A**）。

（A）13.436mV （B）13.403mV

（C）13.477mV （D）13.444mV

83. 热电偶是两种不同材料的导体基于（**B**）效应制成的温度计。

（A）机械 （B）塞贝克

（C）霍尔 （D）电磁

84. 由标准铂铑10-铂热电偶测得管式炉的温度为999.0℃，被校K型热电偶热电动势的算术平均值$\bar{e}_{被}$为41.300mV，从分度表中查得被校热电偶的微分热电动势$S_{被}$为0.039mV/℃，则在1000℃时被校热电偶热电动势为（**D**）。（被校热电偶未接补偿导线，$e_{补}$ = 0.0mV）

（A）41.261mV　　（B）41.304mV

（C）41.296mV　　（D）41.339mV

85. 由标准铂铑10-铂热电偶测得管式炉的温度为999.0℃，被校K型热电偶热电动势的算术平均值$\bar{e}_{被}$为41.315mV，从分度表中查得被校热电偶的热电动势$e_{分}$为41.276mV，微分热电动势$S_{被}$为0.039mV/℃，则在1000℃时被校热电偶温度示值偏差为（**C**）。（被校热电偶未接补偿导线，$e_{补}$= 0.0mV）

（A）–2.0℃　　（B）–1.0℃

（C）2.0℃　　（D）1.0℃

86. 在200℃校准温度点附近，参考端为0.0℃，被校E型热电偶未接补偿导线，测得被校热电偶的热电动势为13.440mV，标准水银温度计测得温场的实际温度为200.05℃。从分度表查得，在200℃时被校热电偶的热电动势$e_{分}$为13.421mV，微分热电动势$S_{被}$为0.074mV/℃，则被校热电偶在200℃时的温度示值偏差为（**A**）。

（A）–0.2℃　　（B）0.2℃

（C）0.8℃　　（D）0.3℃

87. 在400℃校准温度点附近，测得标准铂电阻温度计电阻的算术平均值为248.902Ω，从标准铂电阻温度计的检定证书中查得400℃水三相点的电阻值R_{tp}为99.4352Ω，分度表给出W_{tn}为2.50009296；电阻比dW/dt的变化率为0.00357502℃$^{-1}$，此时该恒温设备的实际温度为（**A**）。

（A）400.9℃ （B）400.8℃

（C）399.2℃ （D）399.1℃

88. 在**400**℃校准温度点附近，由标准铂电阻温度计测得实际温度为**400.5**℃，被校**E**型热电偶热电动势的算术平均值为**29.066mV**，从分度表中查得被校热电偶的微分热电动势$S_{被}$为**0.080mV/**℃，则在 **400**℃时被校热电偶热电动势为（**C**）。（被校热电偶未接补偿导线，$e_{补}$= **0.0mV**）

（A）29.030mV （B）29.066mV

（C）29.026mV （D）28.986mV

89. 在**400**℃校准温度点附近，由标准铂电阻温度计测得实际温度为**400.5**℃，被校**E**型热电偶热电动势的算术平均值为**29.066mV**，从分度表中查得被校热电偶的热电动势$e_{分}$为**28.946mV**，微分热电动势$S_{被}$为**0.080mV/**℃，则在**400**℃时被校热电偶温度示值偏差为（**D**）。（被校热电偶未接补偿导线，$e_{补}$= **0.0mV**）

（A）1.5℃ （B）1.6℃

（C）2.0℃ （D）1.0℃

90. 校准补偿导线时，对于恒温设备的要求为在**–40**℃～**200**℃范围内，有效工作区域内任意两点温差不大于（**C**）℃。

（A）0.1 （B）0.05

（C）0.02 （D）0.01

91. 廉金属热电偶 **300**℃以下点的校准，如果测量标准为二等标准铂电阻温度计，要求电测设备的准确度等级和分辨力不低于（**D**）。

（A）0.01 级；1mΩ （B）0.01 级；0.1mΩ

（C）0.02 级；1mΩ　　（D）0.02 级；0.1mΩ

92. 标准铂铑 **10**-铂热电偶与（**A**）的一端连接后，插入参考端恒温器内。

（A）铜导线　　（B）KX 型补偿导线

（C）SX 型补偿导线　　（D）BX 型补偿导线

93. 廉金属热电偶的环境要求：（**D**），恒温设备工作环境应无影响校准的气流扰动和外电磁场干扰。

（A）环境温度 15℃～35℃，湿度 30%～80%

（B）环境温度 15℃～25℃，湿度 45%～85%

（C）环境温度无要求

（D）符合电测设备工作的环境温度和相对湿度要求

94. 工作用廉金属热电偶的校准周期推荐为（**A**）。

（A）半年　　（B）一年

（C）二年　　（D）三年

95. 用一种专用导线将热电偶的冷端延伸出来，这种导线材料是廉价金属，称为（**D**）导线。

（A）延伸　　（B）冷端

（C）校正　　（D）补偿

96. 下列几种热电偶中，（**D**）是最佳的测量低温的廉金属热电偶。

（A）S 型热电偶　　（B）R 型热电偶

（C）B 型热电偶　　（D）T 型热电偶

97. 一支测量范围在 **300**℃～**700**℃的 **K** 型热电偶，热电极直径 **1.0mm**，其校准温度点选择最好是（**B**）。

（A）300℃、500℃、700℃　（B）400℃、500℃、600℃
（C）400℃、600℃、800℃　（D）500℃、600℃、800℃

98. 热电偶的热电特性是由（A）所决定的。
（A）热电偶的材料
（B）热电偶的粗细
（C）热电偶的长短
（D）热电偶材料的化学成分和物理性能

99. 热电偶输出电压与（C）有关。
（A）热电偶两端温度
（B）热电偶测量端温度
（C）热电偶两端温度和电极材料
（D）热电偶两端温度、电极材料及长度

100. 热电偶的热电动势的大小与（C）有关。
（A）组成热电偶的材料
（B）热电偶丝粗细
（C）组成热电偶的材料和两端温度
（D）热电偶丝长度

101. 在热电偶测温回路中，如果显示仪表和连接导线两端温度相同，将其接入后热电偶的总电动势值（C）。
（A）增大　（B）减小
（C）不变　（D）无法确定

102. 铠装热电偶中，动态响应性能最好的是（C）。
（A）碰底型　（B）不碰底型
（C）露头型　（D）帽型

103. **用 K 型热电偶和其匹配的补偿导线测量温度，在接线中如果补偿导线的极性接反，则仪表的指示（D）。**

（A）偏大

（B）偏小

（C）不变

（D）可能大，也可能小，视具体情况而定

104. **K 型热电偶是由（A）。**

（A）镍铬、镍硅两种材料制成，其中负极是镍硅丝

（B）镍铬、铜镍两种材料制成，其中负极是铜镍丝

（C）镍铬硅、镍硅镁两种材料制成，其中负极是镍硅镁

（D）铜、铜镍两种材料制成，其中负极是铜镍丝

105. **E 型热电偶是由（B）**

（A）镍铬、镍硅两种材料制成，其中负极是镍硅丝

（B）镍铬、铜镍两种材料制成，其中负极是铜镍丝

（C）镍铬硅、镍硅镁两种材料制成，其中负极是镍硅镁

（D）铜、铜镍两种材料制成，其中负极是铜镍丝

106. **S 型热电偶是由（C）。**

（A）铂铑 30、铂铑 6 两种材料制成，其中负极是铂铑 6

（B）铂铑 13、铂两种材料制成，其中负极是纯铂丝

（C）铂铑 10、铂两种材料制成，其中负极是纯铂丝

（D）铂铑 10、铂两种材料制成，其中负极是铂铑 10

107. **在 S、K、E 型三种热电偶中，100℃时的电动势值由大到小排序为（B）。**

（A）S>K>E　　（B）E>K>S

（C）S>E>K　　（D）K>E>S

108. 校准廉金属热电偶的电测仪器的精度不低于（**D**）。

（A）0.1 级　（B）0.5 级
（C）0.05 级　（D）0.02 级

109. 如图 **2-1** 所示，**A** 表与 **B** 表的指示（**B**）。

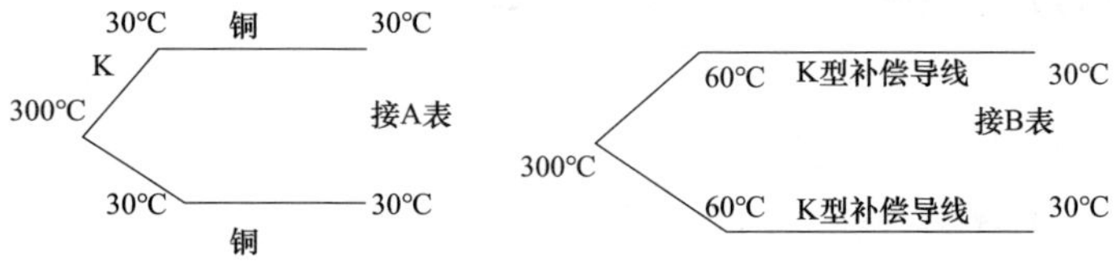

（a）A 表　（b）B 表

图 2-1　第 109 题

（A）A 表示值大于 B 表示值　（B）A 表示值等于 B 表示值
（C）A 表示值小于 B 表示值　（D）无法比较

110. 为了提高水银温度计的测量上限，通常在毛细管内感温液上部充以一定压力的（**B**）。

（A）空气　（B）惰性气体
（C）氧气　（D）氢气

（二）多选题

1. 下列环境条件中，满足工业铂、铜热电阻检定要求的有（**ABCD**）。

（A）15℃，30%RH，且电测设备符合相应的环境要求
（B）18℃，57%RH，且电测设备符合相应的环境要求
（C）30℃，75%RH，且电测设备符合相应的环境要求
（D）35℃，80%RH，且电测设备符合相应的环境要求

2. 下列关于工业铂、铜热电阻检定标准仪器及配套设备的说法，

正确的是（**AB**）。

（A）电测设备提供给热电阻的测量电流应保证功耗引起的温升应尽可能小

（B）冰点槽可用满足不确定度要求的恒温槽代替

（C）用不同电测仪器测量 R_{tp} 和 R_i^*，可显著减小测量不确定度

（D）转换开关的接触电动势必须不大于 0.4μV

3. 下列关于工业铂、铜热电阻检定结果处理的说法，正确的是（**ACD**）。

（A）按 JJG 229—2010《工业铂、铜热电阻检定规程》检定合格的热电阻，出具该等级合格的检定证书

（B）按 JJG 229—2010《工业铂、铜热电阻检定规程》检定不合格的热电阻，出具不合格检定结果通知书，无须注明不合格项目

（C）出厂检定的检定结果应给出判定依据和测量不确定度

（D）热电阻的检定周期最长不得超过 1 年

4. 热电阻在其保护套管或其所附的标签上应显示的标识有（**ABCD**）。

（A）类型代号　　（B）标称电阻值 R_0

（C）有效温度范围　　（D）允许偏差等级

5. 下列不属于后续检定的项目有（**BC**）。

（A）常温绝缘电阻　　（B）高温绝缘电阻

（C）稳定性　　（D）0℃点允许偏差

6. 下列属于后续检定应检定的项目有（**ACD**）。

（A）常温绝缘电阻　　（B）高温绝缘电阻

（C）0℃点允许偏差　　　　（D）100℃点允许偏差

7. 下列可用于工业铂、铜热电阻检定要求的设备有（ABC）。

（A）某一可测量电阻的数字多用表，精度等级 0.005 级

（B）某一接触电动势不大于 0.4μV 的转换开关

（C）水三相点瓶及其保温容器

（D）某一恒温槽，温度范围–50℃～+300℃，10min 变化 0.05℃

8. 下列可用于检定 A 级铂电阻的设备有（ABCD）。

（A）某一可测量电阻的数字多用表，精度等级 0.005 级

（B）某一接触电动势不大于 0.6μV 的转换开关

（C）水三相点瓶及其保温容器

（D）某一恒温槽，温度范围–50℃～+300℃，10min 变化 0.04℃

9. 下列热电阻，满足绝缘电阻要求的有（ABD）。

（A）某一热电阻，室温 22℃、相对湿度 60%时，绝缘电阻值 120MΩ

（B）某一热电阻，在其最高工作温度 250℃时，绝缘电阻值 20MΩ

（C）某一热电阻，在其最高工作温度 450℃时，绝缘电阻值 1MΩ

（D）某一热电阻，在其最高工作温度 500℃时，绝缘电阻值 1MΩ

10. 下列符合热电阻外观要求的有（AD）。

（A）热电阻各部分装配正确、可靠、无缺件，外表涂层牢固

（B）热电阻保护管有凹痕、划痕

（C）热电阻必须为四线制的接线方式

（D）AA 级的热电阻必须是三线制或四线制的接线方式

11. 电阻温度计是利用金属丝的电阻随温度变化的原理工作的，下列关于金属丝的说法，正确的是（ABC）。

（A）经常采用的是铂丝　　（B）可以是铜丝

（C）可以是铜镍丝　　（D）可以采用锰铜丝

12． 下列关于电阻温度计的说法中，正确的是（**ABC**）。

（A）电阻温度计的工作原理是利用金属丝的电阻随温度作几乎线性的变化

（B）电阻温度计在温度检测时，有滞后的缺点

（C）与电阻温度计相比，热电偶所测温度相对较高一些

（D）因为电阻体的电阻丝是用较粗的导线做成的，所以有较强的耐振性能

13． 制作热电阻的金属材料必须满足一些条件，下列说法正确的是（**BCD**）。

（A）温度变化 1℃时电阻值的相对变化量（即电阻温度系数）要小

（B）在测温范围内具有稳定的物理、化学性质

（C）电阻与温度的关系特性好

（D）因为电阻体的电阻丝是用较粗的导线做成的，所以有较强的耐振性能

14． 制作热电阻的金属材料必须满足一些要求，下列说法正确的是（**ABCD**）。

（A）较大的电阻温度系数

（B）大的电阻率

（C）电阻与温度的关系特性好

（D）物理化学性能稳定且容易提纯

15． 下列材料中可作为热电阻的骨架材料有（**ABD**）。

（A）陶瓷材料　　（B）石英材料

（C）金属材料　　（D）云母材料

16. α 标称值可以由（**AC**）计算。

（A）$\alpha = (W_{100}^{\mathrm{I}} - 1) \times 100^{-1}$　　（B）$\alpha = W_{100}^{\mathrm{I}} - 1$

（C）$\alpha = \dfrac{R_{100} - R_0}{R_0 \cdot 100}$　　（C）$\alpha = \dfrac{R_{100} - R_0}{100}$

17. 下列说法中正确的是（**ACD**）。

（A）对于一支 Pt00，其 $(\mathrm{d}R/\mathrm{d}t)_{t=0} = 0.39083\Omega/℃$

（B）对于一支 Pt000，其 $(\mathrm{d}R/\mathrm{d}t)_{t=0} = 0.39083\Omega/℃$

（C）对于一支 Pt00，其 $(\mathrm{d}W_t^{\mathrm{I}}/\mathrm{d}t)_{t=0} = 0.0039083$

（D）对于一支 Pt000，其 $(\mathrm{d}W_t^{\mathrm{I}}/\mathrm{d}t)_{t=0} = 0.0039083$

18. 下列长度为（**CD**）的热电偶可以依据 **JJF 1637—2017**《廉金属热电偶校准规范》进行校准。

（A）400mm　　（B）450mm

（C）500mm　　（D）550mm

19. 下列分度号为（**ABC**）的热电偶可以依据 **JJF 1637—2017**《廉金属热电偶校准规范》进行校准。

（A）K　　（B）E　　（C）N　　（D）T

20. 依据 **JJF 1637—2017**《廉金属热电偶校准规范》，应对热电偶的（**BC**）项目进行校准。

（A）微分热电动势　　（B）热电动势

（C）温度示值偏差　　（D）热电动势标准值

21. 热电偶校准结果应包含的内容有（**ABCD**）。

（A）校准温度点　　（B）热电动势

（C）温度示值偏差　　（D）扩展不确定度

22. 被校热电偶电极出现（**BCD**）缺陷，则其外观不符合要求。

（A）测温端圆滑　　（B）有严重的腐蚀

（C）有明显缩径　　（D）粗细不均匀

23. 关于参考端的连接方法，下列说法中正确的是（**AD**）。

（A）插入参考端恒温器的玻璃管内须装有酒精或变压器油

（B）插入深度均不小于 100mm

（C）被校 K 型热电偶电极信号输出端无法插入参考端恒温器内，可用 N 型补偿导线与其连接，另一端与铜导线连接

（D）铜导线的另一端通过转换开关与电测仪器连接

24. 400℃时，校准 1 级廉金属热电偶可选用的测量标准有（**BD**）。

（A）标准水银温度计

（B）标准铂电阻温度计

（C）二等标准铂铑 10-铂热电偶

（D）一等标准铂铑 10-铂热电偶

25. 200℃时，校准廉金属热电偶可选用的恒温设备有（**AB**）。

（A）恒温油槽　　（B）热管恒温槽

（C）管式炉　　（D）干体校验炉

26. 关于 300℃以下温区被校热电偶的校准，下列说法中正确的是（**ABD**）。

（A）测量标准感温点与被校热电偶测量端应置于有效工作区域的同一水平位置

（B）插入深度均不小于 200mm

（C）当测量标准温度偏离校准温度点±2℃以内，温度变化每

分钟不超过 0.1℃时开始读数

（D）在每一校准温度点的整个读数过程，温度的变化不得大于 0.2℃

27. 关于 300℃以上温区被校热电偶的校准，下列说法中正确的是（BCD）。

（A）可采用同名级比较法

（B）校准应由低温向高温逐点升温进行

（C）被校热电偶测量端与标准热电偶的测量端处于同一个径向截面上

（D）每支热电偶的读数不少于 4 次

28. 400℃时，校准廉金属热电偶可选用的恒温设备有（BCD）。

（A）恒温油槽　（B）热管恒温槽

（C）管式炉　（D）干体校验炉

29. 分度号为 E，电极直径为 1.0mm 的热电偶，其参考校准温度点有（ABC）。

（A）100℃　（B）300℃

（C）400℃　（D）600℃

30. 依据 JJF 1637—2017《廉金属热电偶校准规范》，校准廉金属热电偶需要使用的其他设备有（ABCD）。

（A）多点转换开关　（B）补偿导线

（C）参考端恒温器　（D）电测仪器

31. 标准铂铑 10-铂热电偶检定证书上，给出了（ABD）的热电动势值。

（A）锌凝固点　（B）铝凝固点

（C）银凝固点　　（D）铜凝固点

32. 经校准的被校热电偶出具校准证书，校准证书应至少包括（**ABCD**）。

（A）进行校准的日期

（B）标题“校准证书”

（C）校准所依据的技术规范的标识，包括名称及代号

（D）校准结果及其测量不确定度的说明

33. 在规程 **JJF 1637—2017**《廉金属热电偶校准规范》示例中，在进行标准不确定度评定时，标准热电偶引入的不确定度来源有（**AB**）。

（A）输入量重复性测量

（B）年稳定性

（C）补偿导线

（D）证书整百摄氏度点的标准不确定度

34. 分度号为 **N**，电极直径为 **1.6mm** 的热电偶，其参考校准温度点有（**ABCD**）。

（A）400℃　　（B）600℃

（C）800℃　　（D）1000℃

35. **200**℃时，校准 **2** 级廉金属热电偶可选用的测量标准有（**AB**）。

（A）标准水银温度计

（B）标准铂电阻温度计

（C）二等标准铂铑 10-铂热电偶

（D）一等标准铂铑 10-铂热电偶

36. 在进行标准不确定度评定时，被校热电偶输入量引入的不确定

度来源有（**ABCD**）。

（A）输入量重复性测量　（B）电测仪器测量误差

（C）炉温波动　（D）转换开关接触电动势

37. 下列被校热电偶热电动势计算公式中表述正确的有（**ACD**）。

（A）$E_{被}(T)=\overline{E}_{被}+S_{被}\cdot\Delta T_{校}+E_{补}$

（B）$E_{被}(T)=\overline{E}_{被}+\dfrac{\overline{E}_{标}-E_{标证}}{S_{标}}\cdot S_{被}+E_{补}$

（C）$E_{被}(T)=\overline{E}_{被}+\dfrac{E_{标证}-\overline{E}_{标}}{S_{标}}\cdot S_{被}+E_{补}$

（D）$e_{被}(t)=\overline{e}_{被}+\dfrac{W_{tn}-W_{t}}{\left(\dfrac{dW}{dt}\right)_{tn}}\cdot S_{被}+e_{补}$

38. **JJF 1637—2017**《廉金属热电偶校准规范》适用于可拆卸的（**ABD**）等廉金属热电偶的校准。

（A）K 型（镍铬-镍硅）热电偶

（B）E 型（镍铬-铜镍）热电偶

（C）T 型（铜-铜镍）热电偶

（D）J 型（铁-铜镍）热电偶

39. 下列属于贵金属热电偶的是（**ABD**）。

（A）S 型热电偶　（B）R 型热电偶

（C）E 型热电偶　（D）B 型热电偶

40. 关于补偿导线的用法，下列说法中正确的是（**BD**）。

（A）校准廉金属热电偶时，补偿导线的长度没有要求

（B）校准 1 级廉金属热电偶时，不可以用补偿导线

（C）补偿导线可用纯铜线代替

（D）使用参考端温度补偿时，不接补偿导线

41．关于补偿导线的用法，下列说法中错误的是（ACD）。

（A）补偿导线插入冰桶的深度要求是补偿导线与测试线的接点被一层不小于30mm的冰水混合物包围即可

（B）补偿导线的型号应与所校廉金属热电偶的型号对应

（C）补偿导线在室温～70℃的允许偏差为2℃

（D）补偿导线的作用是将标准热电偶信号输出端引至参考端恒温器

42．为加强换热，插入参考端恒温器的玻璃试管内装有（AB）。

（A）无水乙醇　　（B）变压器油

（C）蒸馏水　　（D）75%酒精

43．K型热电偶的极性可用热电偶丝是否能被明显磁化方法来判断，能明显被磁化的是（BD）。

（A）镍铬丝　（B）镍硅丝　（C）正极　（D）负极

44．热电偶温度补偿的方法有（ABCD）。

（A）补偿导线法　　（B）冷端温度校正法

（C）冰溶法　　（D）补偿电桥法

（三）判断题

1．国际温标等同于热力学温标。（×）

2．α 标称值是以热电阻电阻比值标称值 W_{100}^{I} 的形式出现的，两者的关系为 $\alpha=(W_{100}^{\mathrm{I}}-1)\times100^{-1}$，无量纲。（×）

3．α 标称值是以热电阻电阻比值标称值 W_{100}^{I} 的形式出现的，两者的关系为 $\alpha=(W_{100}^{\mathrm{I}}-1)\times100^{-1}$，单位是℃$^{-1}$。（√）

4．工业铂热电阻最大的测量范围为−200℃～+850℃，其中制造

600℃～850℃范围的允许偏差应由制造商在技术条件中确定。（√）

5．α 标称值为 0.003942℃$^{-1}$ 的热电阻虽然不符合 JJG 229—2010《工业铂铜热电阻》的要求，但仍可以参照 JJG 229—2010《工业铂、铜热电阻检定规程》中的检定方法对被测温度点进行校准。（√）

6．规程的附录中虽然只给出 Pt100 的分度表，但 Pt500 的分度表可以用 Pt100 分度表中温度对应的电阻值乘以 5 得到。（√）

7．一支 A 级 Pt100 铂热电阻，测量范围–100℃～450℃，选择 0℃和 100℃作为检定点。检定结果均在允许偏差范围内，则该热电阻在测量范围内合格。（×）

8．对刚购得的热电阻进行验收测量，0℃和 100℃的误差均超过允许偏差的 10%，判定该支热电阻为不合格。（×）

9．制造商认定检定点出厂合格的判据，是出厂检验的测量结果叠加扩展不确定度后均落在允许偏差范围里面方可认定检定点为合格。（√）

10．用户拒收的检定点不合格判据，是用户验收的测量结果叠加扩展不确定度后全部落在允许偏差范围外面方可认定为检定点不合格。（√）

11．热力学温度（K）与摄氏度（℃）的单位量是相等的。（√）

12．在热电阻温度与相应电阻值之间的计算元素中，Pt100 与 Pt1000 在 100℃的换算因子 $(\mathrm{d}R/\mathrm{d}t)_{t=100℃}$ 均为 0.37928Ω℃$^{-1}$。（×）

13．工业铂热电阻 Pt100 在 0℃的换算因子 $(\mathrm{d}R/\mathrm{d}t)_{t=0℃}$ 为 0.3908Ω℃$^{-1}$。（×）

14．工业铂热电阻 Pt1000 在 0℃的换算因子 $(\mathrm{d}R/\mathrm{d}t)_{t=0℃}$ 为 3.9083Ω℃$^{-1}$。（√）

15．JJG 229—2010《工业铂铜热电阻》的适用范围明确了等级与有效测量范围是不可分割的，并将线绕元件和膜式元件分别列出。（√）

16．JJG 229—2010《工业铂铜热电阻》中要求将感温元件从保护套管中卸下放入玻璃套管中，使感温元件完全浸没在恒温槽的液面下进行检定就是为了降低热传导。（×）

17．三线制热电阻须接成两种四线制分别进行测量。在 0℃恒温槽中将两次测量得到电阻值计算得到 0℃的电阻值为 $R_t = 2R_a - R_b$。

（×）

18．三线制热电阻须接成两种四线制分别进行测量。两次测量时温度源的温度发生变化时，R_a 和 R_b 应分别进行槽温温度偏离检定点的修正，然后按 $R_t = 2R_a + R_b$ 计算 R_t，得到的是检定点的实际电阻值 R_0'' 和 R_{100}''。（√）

19．三线制热电阻检定时须接成两种四线制分别进行测量。两次测量时恒温槽温度保持不变时，被检热电阻在检定点 t 的电阻值为 $R_t = 2R_a - R_b$。（×）

20．三线制热电阻检定时须接成两种四线制分别进行测量。两次测量时恒温槽温度保持不变时，被检热电阻在恒温槽温度 t 的电阻值为 $R_t = 2R_a - R_b$。（√）

21．α 的符合性与热电阻的等级无关，只与 Δt_0 有关。（×）

22．作为用户只要通过测量 R_0 和 R_{100}，就可按允许偏差确认整个有效温度范围是否符合等级要求。（×）

23．工业热电阻制造厂在对一批 A 级 Pt100 进行出厂检定时，发现有一支的 $\Delta t_0 = 0.15$ ℃，虽然符合最大允许偏差要求，但仍判定该支铂热电阻为不合格。（√）

24．用户在对一批 A 级 Pt100 进行验收检定时，发现有一支的 $\Delta t_0 = 0.16$ ℃，超过了允许偏差要求，即判定该支铂热电阻为不合格。（×）

25．A 级及以下等级的铂热电阻 $\Delta\alpha$ 的取值需修约至 10^{-6}。（×）

26．工业铂、铜热电阻由装在保护套管内的一个或多个铂、铜热电阻感温元件组成，包括内部连接及用来连接电测量仪表的外部端子（不包括测量、显示装置）。可含安装固定用的装置、接线盒和可分离的保护管或安装套管。（×）

27．恒温槽偏离 100℃的温度 Δt_h^* 由标准铂电阻温度计测量得到。偏离 100℃的值 Δt_h^* 按公式 $\Delta t_h^* = \left(\dfrac{R_h^*}{R_{tp}^*} - W_{100}^S\right) \Big/ (\mathrm{d}W_t^S/\mathrm{d}t)_{t=100}$ 计算，目的是为了将被检热电阻测得的电阻值 R_h 修正到 100℃的值。（√）

28. 热电阻（包括感温元件）和标准铂电阻的电阻值测量均应采用四线制的测量方法。感温元件的电阻值应从其连接点起计算，热电阻的电阻值应从整支热电阻的接线端子起计算。（√）

29. 恒温槽温度偏离0℃的计算公式为$\Delta t_i^* = \left(\frac{R_i^*}{R_{tp}^*} - W_0^S\right) \bigg/ (\mathrm{d}W_t^S/\mathrm{d}t)_{t=0}$，其中$(\mathrm{d}W_t^S/\mathrm{d}t)_{t=0}$应从标准铂电阻温度计检定证书提供的$t-W_r-\mathrm{d}W_r/\mathrm{d}t$分度表中查得。（√）

30. 被检热电阻Pt100检定结果R_0'和R_{100}'的计算结果均应修约到1mΩ。（×）

31. 工业热电阻铭牌1×Pt100/A/4/–150/+500应解读为：工业铂热电阻，一支传感器四线制R_0=100Ω，有效温度范围是–150℃～+500℃。（×）

32. α的符合性与热电阻的等级有关，与Δt_{100}有关。（×）

33. 温槽温度偏离100℃的计算公式中$(\mathrm{d}W_t^S/\mathrm{d}t)_{t=100}$是从JJG 160—2007《铂电阻温度计检定规程》提供的$t-W_r-\mathrm{d}W_r/\mathrm{d}t$参考函数分度表中查得。（×）

34. JJG 229—2010《工业铂铜热电阻》规定用电测仪器测量恒温槽中的热电阻和标准铂电阻时，应在尽可能短的时间内采用交替测量热电阻和标准铂电阻的办法，交替重复不少于2次，分别取最大值作为测量结果。（×）

35. 测量误差的计算，可按直接比较法给出算式，但由于要求计算α，则必须将实际的测量点（略偏离0℃和100℃）得到的电阻值换算到0℃和100℃的电阻值。（√）

36. 铜热电阻的测量范围比铂热电阻测量范围宽。（×）

37. 可以把标准铂电阻温度计看作一个四线制的电阻。（√）

38. 被校热电偶测量端焊接应牢固，圆滑、无气孔和夹灰等。（√）

39. 校准廉金属热电偶所使用的管式炉常用最高温度为1100℃。（√）

40. 廉金属热电偶300℃以上的校准可用双极比较法，也可用同名

级法。（×）

41．廉金属热电偶的校准温度点的选择由热电偶丝材及电极直径粗细决定。（√）

42．校准廉金属热电偶时，管式炉炉口处用脱脂棉封堵。（×）

43．1 级镍铬硅-镍硅镁热电偶在 1000℃点时，测得其修正值为 4.5℃，所以满足 1 级允许偏差要求。（×）

44．廉金属热电偶检定时可不需要进行清洗，但必须要退火。（×）

45．2 级镍铬-铜镍热电偶在 1000℃点时，测得其修正值为 6.5℃，所以满足 2 级允许偏差要求。（√）

46．铁-铜镍材质的廉金属热电偶对应的分度号为 J。（√）

47．200℃时，校准 2 级廉金属热电偶所使用的测量标准可以为标准水银温度计。（√）

48．热电偶可以接上补偿导线对 1、2 级允许偏差热电偶整体进行校准。（×）

49．1 级廉金属热电偶比 2 级廉金属热电偶精度高。（√）

50．校准时连接用导线必须出自同一卷铜导线。（√）

51．铂铑 10-铂材质的热电偶对应的分度号为 S。（√）

52．JJF 1637—2017《廉金属热电偶校准规范》适用于所有的的镍铬-镍硅（K 型）、镍铬硅-镍硅镁（N 型）、镍铬-铜镍（E 型）、铁-铜镍（J 型）廉金属热电偶的校准。（×）

53．1 级镍铬-铜镍热电偶在 50℃点时，测得其修正值为 1.2℃，所以满足 1 级允许偏差要求。（√）

54．校准 300℃以上廉金属热电偶只能选择配置均温块的管式炉作为恒温设备。（×）

55．为确保被校热电偶在规定的技术性能下使用，建议复校时间间隔一般不超过 1 年。（×）

56．校准 300℃以上 2 级廉金属热电偶所使用的电测仪表，要求准确度等级不低于 0.02 级，分辨力不低于 1μV。（×）

57．2 级铁-铜镍热电偶在 100℃点时，测得其修正值为 2.3℃，所以

不满足 2 级允许偏差要求。（×）

58．依据 JJF 1637—2017《廉金属热电偶校准规范》，经校准的被校热电偶满足 1 级要求，可以出具检定证书，给出符合 1 级的结论。（×）

59．校准 K 型热电偶，没有补偿导线时，可以用纯铜线自制一个。（×）

60．为保护标准铂铑 10-铂热电偶，校准时套上玻璃管做保护。（×）

61．标准热电偶两根电极丝中，较硬的那根是负极。（×）

62．200℃时，校准 1 级廉金属热电偶所使用的标准器为一等铂铑 10-铂热电偶。（×）

63．400℃时，校准 1 级廉金属热电偶所使用的标准器为一等铂铑 10-铂热电偶。（√）

64．校准廉金属热电偶时，为方便操作，补偿导线无长度限制。（×）

65．贵金属热电偶均可作为校准廉金属热电偶的标准器使用。（×）

66．置入参考端恒温器（冰桶）内的试管，为增强换热，可装有 75% 医用酒精。（×）

67．廉金属热电偶复校时间间隔必须小于半年。（×）

68．使用廉金属热电偶的送检单位可根据实际情况自主决定复校时间间隔。（√）

69．廉金属热电偶 300℃以下点的校准，每支热电偶的读数不少于 6 次。（×）

70．校准 1 级廉金属热电偶时，测量电动势的电测仪器准确度不低于 0.02 级，分辨力不低于 0.1μV。（×）

71．校准廉金属热电偶所使用的补偿导线，要求在 0℃～50℃范围内允许偏差为±0.2℃。（×）

72．校准廉金属热电偶所使用的管式炉，应配置均温块，其有效工作区域径向半径不小于 14mm，同一截面任意两点的温差绝对值不大于 0.5℃。（×）

73．300℃以上温区热电偶校准时，既可由低温向高温逐点升温进

行，也可由高温向低温降温进行。（×）

74．2 级镍铬-铜镍热电偶在–40℃～333℃温度范围内其允许偏差为±2.5℃。（√）

75．300℃以上温区热电偶校准时，当测量标准温度变化每分钟不超过 0.2℃时开始读数。（×）

76．镍铬-铜镍材质的廉金属热电偶对应的分度号为 E。（√）

77．廉金属热电偶 300℃以下点校准时，将被校热电偶与测量标准置于恒温设备中，测量标准感温点与被校热电偶测量端置于有效工作区域的同一水平位置，插入深度应不小于 150mm。（×）

78．1 级镍铬硅-镍硅镁热电偶在–40℃～375℃温度范围内其允许偏差为±2.5℃。（×）

79．热电偶是由两种不同材料的导体基于热电效应制成的温度计。（√）

80．热电偶是由两种不同材料的导体基于电磁效应制成的温度计。（×）

81．校准补偿导线时，对于恒温设备的要求为–40℃～200℃范围内，有效工作区域内任意两点温差不大于 0.05℃。（×）

82．廉金属热电偶 300℃以下点校准时，如果测量标准为二等标准铂电阻温度计，要求电测设备的准确度等级不低于 0.02 级、分辨力不低于 0.1mΩ。（√）

83．标准铂铑 10-铂热电偶与其专用的补偿导线的一端连接，补偿导线另一端与测试线相连后，插入参考端恒温器内。（×）

84．廉金属热电偶校准的温湿度要求：环境温度 15℃～25℃、湿度 45%～85%。（×）

85．热电偶的热电特性是由热电偶两电极间焊接的方式决定的。（×）

86．热电偶的热电特性是由热电偶两电极的材料决定的。（√）

87．热电偶输出电压仅与热电偶测量端的温度有关。（×）

88．热电偶的热电动势的大小与热电偶丝长度无关。（√）

89．在热电偶测温回路中，如果显示仪表和连接导线两端温度相

同，将其接入后热电偶的总电动势值不变。（√）

90．用K分度号的热电偶和其匹配的补偿导线测量温度，在接线中如果补偿导线的极性接反，则仪表的指示偏小。（×）

91．K型热电偶是由镍铬-铜镍两种材料制成，其中正极是镍铬丝。（×）

92．S型热电偶是由铂铑13-铂两种材料制成，其中负极是纯铂丝。（×）

93．校准廉金属热电偶时的电测仪器，其精度不低于0.02级。（√）

94．热电偶产生的热电动势（塞贝克电动势）是由玻尔帖电动势和汤姆逊电动势组成的。（√）

95．铠装热电偶动态响应快慢排序：露头型＞碰底型＞不碰底型。（√）

96．补偿导线是在常温～70℃范围内具有与所匹配的热电偶的热电动势标称值相同或非常接近的一对带有绝缘层的导线。（√）

（四）填空题

1．温度是描述物体<u>冷热程度</u>的物理量，反映分子<u>无规则热运动</u>激烈程度。

2．温标是描述<u>温度数值</u>的表示方法。

3．根据<u>热力学第二定律</u>来定义的温度称为热力学温度，热力学温标一般是采用<u>气体温度计</u>来实现的。

4．冰点是指压力为101325Pa下，纯洁的<u>雪花状冰</u>与<u>含有饱和空气的蒸馏水</u>之间的平衡温度。

5．目前我国采用的温标是<u>ITS-90</u>温标。

6．冰点温度和水三相点温度之间约差 0.01℃的原因是由于所含<u>杂质</u>和所处<u>压力</u>不同引起的。

7．工业铂热电阻最大的测量范围为<u>–200℃～850℃</u>。作为每支热电阻而言，可以依据其材料、结构、工艺不同和测量准确度要求及用途将测量范围限制在整个温度范围或部分温度范围。

8．工业铜热电阻最大的测量范围为<u>–50℃～+150℃</u>。作为每支热电阻而言，可以依据其材料、结构、工艺不同和测量准确度要求及用途将测量范围限制在整个温度范围或部分温度范围。

9．JJG 229—2010《工业铂铜热电阻》仅适用于温度系数 α 标称值为<u>3.851×10^{-3}℃$^{-1}$</u>铂热电阻的检定。

10．JJG 229—2010《工业铂铜热电阻》仅适用于温度系数 α 标称值为<u>4.280×10^{-3}℃$^{-1}$</u>铜热电阻的检定。

11．标称电阻值 R_0 是热电阻(或感温元件)在 0℃时的<u>期望电阻值</u>。其阻值通常有 10Ω、50Ω、100Ω、500Ω、1000Ω。

12．标准铂电阻比值 W_t^{S} 是标准铂电阻温度计在温度 t 的电阻值 R_t 与在<u>水三相点的电阻值</u> R_{tp} 之比。

13．工业热电阻电阻比值 W_t^{I} 是工业热电阻（或感温元件）在温度 t 的电阻值 R_t 与<u>0℃的电阻值</u> R_0 之比。

14．W_{100}^{I} 为标称电阻比值，与<u>电阻温度系数</u> α 有直接对应关系。

15．检定时的标准器、电测仪器及配套设备引入的扩展不确定度换算成温度值，应不大于被检热电阻最大允许偏差绝对值的<u>1/4</u>。

16. JJG 229—2010《工业铂铜热电阻》附录中的分度表是按热电阻的电阻温度函数关系计算，并修约到小数点后第二位得到的。对于允许偏差等级高于 AA 级的铂热电阻，分度表中的电阻值应修约到小数点后<u>第三位</u>。

17. 热电阻的电阻温度系数用 α 表示。以 100℃和 0℃之间<u>100</u>℃间隔的电阻值的变化计算单位温度的变化率。

18. 允许偏差的检定中，不管热电阻的有效温度范围如何，均不检定上限温度，只检定 0℃和 100℃。另要求计算<u>α</u>，检查其符合性，并作为不检定上限温度的依据。

19. 水三相点的温度为<u>0.01</u>℃或<u>273.16</u>K。

20. 冰点的热力学温度为<u>273.15</u>K。

21. 0.015℃可以用热力学温度<u>273.165K</u>表示。

22. A 级及以下等级热电阻的 R_0' 和 R_{100}' 计算结果修约到<u>1mΩ</u>。

23. AA 级及以上等级的热电阻的 R_0' 和 R_{100}' 计算结果修约到<u>0.1mΩ</u>。

24. AA 级和 A 级铂热电阻 $\Delta\alpha$ 的取值修约至<u>10^{-7}</u>。

25. B 级、C 级铂热电阻和铜热电阻 $\Delta\alpha$ 的取值修约至<u>10^{-6}</u>。

26. 用数字多用表作为电测仪器测量电阻时，要求在标准铂电阻和被检热电阻的转换测量时采用具有换向功能的转换开关。

27. JJG 229—2010《工业铂铜热电阻》要求转换开关的接触电动势不超过1.0μV。

28. 热力学温度的单位用开尔文表示，符号为K，1K定义为水三相点温度的1/273.16。

29. α的的符合性与热电阻的等级有关，还与Δt_0有关。

30. JJG 229—2010《工业铂铜热电阻》中R_i为电测仪器在冰点槽中测得的热电阻电阻值。

31. JJG 229—2010《工业铂铜热电阻》中R_h为电测仪器在100℃恒温槽中测得的热电阻电阻值。

32. JJG 229—2010《工业铂铜热电阻》中R_0'为被检热电阻在检定点0℃的实际电阻值。

33. JJG 229—2010《工业铂铜热电阻》中R_{100}'为被检热电阻在检定点100℃的实际电阻值。

34. JJG 229—2010《工业铂铜热电阻》中R_0和R_{100}为热电阻在0℃和100℃的标称电阻值。

35. 三线制热电阻须接成两种四线制分别进行测量。如果两次测量时恒温槽温度t保持不变，则可按式$R_t = 2R_a - R_b$计算槽温下的电阻值，最后修正至检定点温度的电阻值。

36. 三线制热电阻须接成两种四线制分别进行测量。两次测量时恒温槽温度保持不变，偏离检定点 Δt^*，则可按公式 $\underline{R_t = 2R_a - R_b}$ 计算槽温下的电阻值，最后按公式 $R'_{100} = \underline{R_t - \Delta t^*}\bullet \underline{(dR/dt)_{t=100℃}}$，修正至检定点温度的电阻值。

37．三线制热电阻检定时须接成两种四线制分别进行测量得到 R_a 和 R_b。其中 R_b 为 <u>含有两根引线电阻的电阻值</u>。

38．作为用户也只有通过测量 R'_0 和 R'_{100}，得到 $\underline{\alpha}$ 才能确认整个有效温度范围是否符合允许偏差要求。

39．工业铂热电阻的 $(dW_t^{\mathrm{I}}/dt)_{t=0} = 0.0039083$，则工业铂热电阻 Pt100 在 0℃的换算因子 $(dR_t/dt)_{t=0} = \underline{0.39083\Omega℃^{-1}}$。

40．工业铂热电阻的 $(dW_t^{\mathrm{I}}/dt)_{t=0} = 0.0039083$，则工业铂热电阻 Pt1000 在 0℃的换算因子 $(dR_t/dt)_{t=0} = \underline{3.9083\Omega℃^{-1}}$。

41．工业热电阻铭牌 1×Pt100/A/4/–150/+500 应解读为：工业铂热电阻，一支传感器四线制 R_0=100Ω，有效温度范围为 <u>–100℃～450℃</u>。

42．B 级铂热电阻，感温元件为线绕电阻的有效温度范围为 <u>–196℃～600℃</u>。

43．工业铂、铜热电阻检定时应选用 <u>二等标准铂电阻温度计</u> 作为温度标准器，亦可用满足不确定度要求的其他标准温度计。

44．电测仪器提供给热电阻的测量电流应保证功耗引起的温升尽可能小，不会对 <u>测量不确定度评定</u> 带来显著影响。

45．在检定 Pt100 铂热电阻时，电测仪器测量电阻提供的电流应不大于 <u>1mA</u>。

46. 检定方法采用比较法，其中电阻值的测量均规定为 四线制 的测量方法，对两线制和三线制热电阻的测量分别作了附加的要求和规定。

47. Pt100 在 100℃的阻值约为 138.506Ω 。

48. 一支标准铂电阻温度计在 0℃时的阻值约为 25.5Ω，则它在 100℃的阻值约为 35.5Ω 。

49. 标准铂铑 10-铂热电偶的正极成分名义是含铂 90 %和含铑 10 %。

50. 标准铂铑 10-铂热电偶较硬的一端是 正极 。

51. 校准 1 级廉金属热电偶所用的标准器是 一等标准铂铑 10-铂热电偶 。

52. 廉金属热电偶的校准项目是热电偶的 热电动势 和 温度示值偏差 。

53. 热电偶两个电极的一端焊接在一起形成一个 测量端 ，测量时放置于被测温场中，另一端为 参考端 ，测量时置于某一恒定温场中。

54. 热电偶是两种不同材料的导体基于 塞贝克效应 制成的温度计。

55. 补偿导线分为 补偿型 和 延伸型 两类，其中 X 表示 延伸型 ，C 表示 补偿型 。

56. 玻璃液体温度计用感温液体主要有<u>水银及汞基合金</u>和<u>有机液体</u>。

57. 玻璃液体温度计的测温原理是基于<u>液体热胀冷缩</u>的作用来测量温度的，使用的温度范围在<u>−100℃～600℃</u>。

58. 玻璃液体温度计读数时，视线应与刻度面垂直，读取<u>液柱弯月面的最高点（水银温度计）或最低点（有机液体温度计）</u>。

59. 在玻璃温度计、压力式温度计和双金属温度计中耐振最好的是<u>双金属温度计</u>，精度最高的是<u>玻璃液体温度计</u>，可以远距离显示的是<u>压力式温度计</u>。

60. 铠装热电偶是由<u>热电极</u>、<u>绝缘材料</u>、<u>金属套管</u>三者一次成型加工而成的热电偶。

61. 碰底型铠装热电偶的动态响应比<u>露头</u>型慢，比<u>不碰底</u>型快。

（五）简答题

1. 电阻温度计的测温原理是什么?

答：因金属材料的电阻会随温度的变化而改变，并呈一定的函数关系，利用这一特性制成的温度传感器就称为电阻温度计。

2. 目前热电阻的引线有哪三种方式？请说出其中任意两种的区别。

引线方式有二线制、三线制、四线制三种。

答：（1）二线制存在引出线电阻随温度变化产生的附加误差。

（2）三线制可以消除引出线电阻的影响，工业上多采用。

（3）四线制不仅可消除引出线电阻的影响，还可消除连接导线间接触电阻及其阻值变化的影响，多用于标准铂电阻温度计的引出线上。

3. 热电阻温度计由哪几部分组成?

答: 由一个或多个感温电阻元件组成，带引线、保护管和接线端子。

4. 什么是铠装热电阻?

答: 是由金属保护管、绝缘材料和电阻体三者加工成的组合体。

5. 一支二等标准铂电阻温度计的使用表格见表 2-1。

表 2-1　铂电阻温度计使用表格

t_n	W_{tn}	$(dW/dt)_{tn}$
140	1.546196	0.0038181
145	1.565272	0.0038123
150	1.584318	0.0038064

现在用该温度计来测量温度，一次测得 $W_{t1}=1.545980$，另一次测得 $W_{t2}=1.579654$，求这两次测得的温度分别是多少？（结果取到小数点后第三位）

答:

第一次测得的温度 $t_1=140+(1.545980-1.546196)/0.0038181=$ 139.943℃

第二次测得的温度 $t_2=150+(1.579654-1.584318)/0.0038064=$ 148.775℃

6. 检定工业铂、铜热电阻时，为什么要求标准铂电阻温度计和被检电阻在恒温槽中插入深度尽量一致?

答: 对于恒温槽，水平温场均匀性不大于 0.01℃，垂直温场均匀性不大于 0.02℃，水平方向比竖直方向的温场均匀性要好，所以检定时标准铂电阻温度计和被检电阻在恒温槽中插入深度尽量一致。

7. 对于一个新的恒温槽，插入深度怎么确定?

答：取一支某一精度等级的工业电阻做试验：将标准铂电阻温度计和该支电阻插入到恒温槽某一深度（如 20cm），热平衡后检定一下该电阻的阻值 R_t，然后将该电阻插深 1cm，热平衡后再次检定一下该电阻的阻值 R_t'，如果两次阻值之差小于该等级电阻在这一温度下允许偏差的 5%，则这一深度是足够的；否则需要继续插深 1cm，直到相邻 1cm 的两点检定结果之差小于该等级电阻在该温度下允许偏差的 5%为止。不同精度等级或外观形式有很大不同的电阻，需要重新做试验。如制造商另有规定，则按规定的插入深度进行检定。

8. 检定时，标准和被检电阻的测量顺序是怎样的?

答：标准→被检 1→被检 2→……被检 *n*

↓

标准←被检 1←被检 2←……被检 *n*

↓

标准→被检 1→被检 2→……被检 *n*

↓

标准←被检 1←被检 2←……被检 *n*

↓

……

检定时每支不小于 4 次读数。

9. JJG 229—2010《工业铂、铜热电阻检定规程》的适用范围包括哪些方面?

答：JJG 229—2010《工业铂、铜热电阻检定规程》适用于–200℃～850℃整个或部分温度范围使用的温度系数 α 标称值为 3.851×10^{-3}℃$^{-1}$ 的工业铂热电阻和–200℃～850℃整个或部分温度范围使用的温度系数 α 标称值为 4.280×10^{-3}℃$^{-1}$ 的工业铜热电阻的首次检定、后续检定和使用中检验。

10. 如果用户要求送检一支电阻温度系数 α =3.926×10^{-3}℃$^{-1}$ 的铂热电阻，该如何处理？

答： 电阻温度系数 α =3.926×10^{-3}℃$^{-1}$ 的铂热电阻，只能参照 JJG 229—2010《工业铂铜热电阻》的检定方法对被测温度点进行校准并出具校准证书。

11. 工业热电阻电阻比值 W_t^{I} 与标准铂电阻温度计的电阻比值 W_t（即 JJG 229—2010《工业铂铜热电阻》中的 W_t^{S}）在定义上有什么不同？

答： $W_t^{\mathrm{I}}=\dfrac{R_t}{R_0}$，是工业热电阻（或感温元件）在温度 t 的电阻值 R_t 与 0℃的电阻值 R_0 之比。

$W_t^{\mathrm{S}}=\dfrac{R_t}{R_{\mathrm{tp}}}$，是标准铂电阻温度计在温度 t 的电阻值 R_t 与在水三相点（0.01℃）的电阻值 R_{tp} 之比。

12. W_t^{I} 与电阻温度系数 α 之间有什么样的换算关系？

答： $\alpha=\dfrac{R_{100}-R_0}{R_0\cdot 100}$℃$^{-1}$=$(W_{100}^{\mathrm{I}}-1)\times 10^{-2}$℃$^{-1}$

13. 什么是热电阻的标称电阻？

答： 是热电阻（或感温元件）在 0℃时的期望电阻值，其阻值通常有 10Ω、50Ω、100Ω、500Ω、1000Ω，由制造商申明并标于热电阻上。

14. 有一支 A 级 Pt100 铂热电阻，0℃时的实测电阻为 99.936Ω，该热电阻的标称电阻是多少？符合 0℃的允许偏差要求吗？

答： 该热电阻的标称电阻是 100Ω。

根据 JJG 229—2010《工业铂、铜热电阻检定规程》表 5，A 级铂热电阻允许偏差为±0.059Ω。

|99.936−100|=0.064Ω＞0.059Ω，不符合 0℃的允许偏差要求。

15. JJG 229—2010《工业铂、铜热电阻检定规程》中，工业铂热电阻有几个允许偏差等级？它们的有效温度范围和温度最大允许偏差是多少？

答：JJG 229—2010《工业铂、铜热电阻检定规程》中，工业铂热电阻有 4 个允许偏差等级，分别是 AA 级、A 级、B 级、C 级，各等级的有效温度范围和温度最大允许偏差见表 2-2。

表 2-2 铂热电阻有效温度范围和温度最大允许偏差

热电阻类型	允差等级	有效温度范围（℃）		允差值
		线绕元件	膜式元件	
PRT	AA	−50～250	0～250	$\pm(0.100℃+0.0017\|t\|)$
	A	−100～450	−30～300	$\pm(0.150℃+0.002\|t\|)$
	B	−196～600	−50～500	$\pm(0.30℃+0.005\|t\|)$
	C	−196～600	−50～600	$\pm(0.6℃+0.010\|t\|)$

16. JJG 229—2010《工业铂、铜热电阻检定规程》中，工业铜热电阻有几个允许偏差等级？它们的有效温度范围和温度最大允许偏差是多少？

答：JJG 229—2010《工业铂、铜热电阻检定规程》中，工业铜热电阻只有一个等级，其有效温度范围是−50℃～150℃，允许偏差值为 $\pm(0.30℃+0.006|t|)$。

17. 有一支送检的热电阻，制造商在其产品外壳上的标注为 1×Pt100/A/4/−100/+400。应如何解读该热电阻？

答：该热电阻是 1 支感温元件的铂热电阻，标称电阻 R_0=100Ω，允许偏差等级 A，为四线制接线方式，有效温度范围为−100℃～400℃，温度下限为−150℃，温度上限为 400℃。

18. 有一支送检的热电阻，制造商在其产品外壳上的标注为

1×Pt100/A/4/–150/+500。应如何解读该热电阻?

答：该热电阻是 1 支感温元件的铂热电阻，标称电阻 R_0=100Ω，允差等级 A，为四线制接线方式，有效温度范围为–100℃～450℃，温度下限为–150℃，温度上限为 500℃。

19．试绘制出判断一支工业铂热电阻是否合格的流程图。

答：

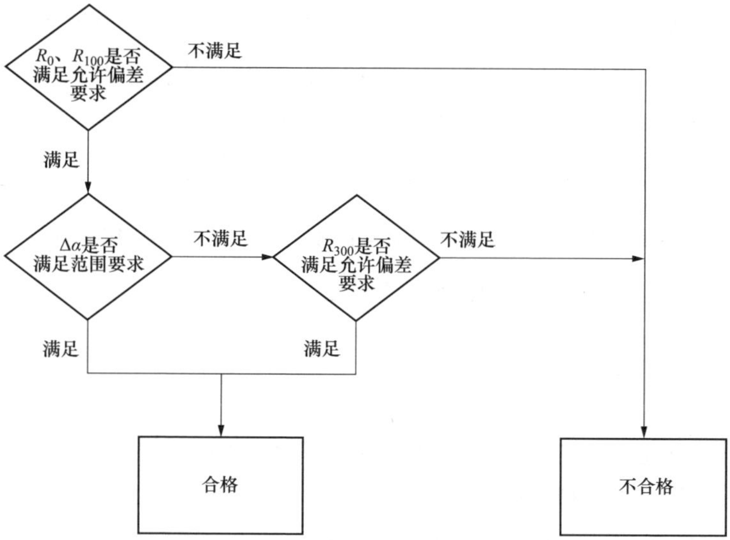

20．一支 A 级 Pt100 工业铂热电阻，在 150℃的恒温槽中测得的电阻值为 157.38Ω，实际测得恒温槽的温度为 150.56℃。请计算该铂热电阻的温度偏差，并判断其 150℃的允差是否合格。

答：根据
$$\Delta t_0 = \Delta t - \Delta t^* = \frac{R'_{150℃} - R_{150℃}}{(\mathrm{d}R/\mathrm{d}t)_{150℃}} - \Delta t^*$$

其中 $(\mathrm{d}R/\mathrm{d}t)_{150℃} = R_0(A + 2Bt) = 100 \times [0.0039083 + 2 \times (-0.0000005775) \times 100] = 0.37350$ （Ω/℃）

Δt^*=150.56–150=0.56（℃）

所以

温度偏差 $\Delta t_0=\Delta t-\Delta t^*=\dfrac{R'_{150℃}-R_{150℃}}{(\mathrm{d}R/\mathrm{d}t)_{150℃}}-\Delta t^*$

$$=\left(\frac{157.38-157.33}{0.37350}\right)-0.56=-0.43\text{（℃）}$$

A 级铂电阻 150℃的允许偏差为±0.45℃，所以该电阻 150℃允许偏差合格。

21．一支 A 级的工业铂热电阻，在槽温为－0.115℃时的 4 次（包括电流换向）电阻测量值为 100.0122Ω、100.0102Ω、100.0114Ω、100.0097Ω，则该支电阻在 0℃的分度偏差是否满足要求?

答： $\overline{R}_\mathrm{i}=\dfrac{100.0122+100.0102+100.0114+100.0097}{4}=100.0109\text{（Ω）}$

$$R'_0=\overline{R}_\mathrm{i}-\Delta t_\mathrm{i}^*\bullet(\mathrm{d}R/\mathrm{d}t)_{0℃}=100.0109-(-0.115)\times0.39083=100.0558\text{（Ω）}$$

$$\Delta t_0=\frac{R'_0-R_0}{(\mathrm{d}R/\mathrm{d}t)_{0℃}}=\frac{100.0558-100}{0.39083}=0.143\text{（℃）}<0.15℃$$

所以该支温度计在 0℃的分度偏差满足要求。

22．一支 B 级的工业铂热电阻，在槽温为－0.116℃时的 4 次（包括电流换向）电阻测量值为 100.0145Ω、100.0230Ω、100.0146Ω、100.0228Ω，则该支电阻在 0℃的分度偏差是否满足要求?

答： $\overline{R}_\mathrm{i}=\dfrac{100.0145+100.0230+100.0146+100.0228}{4}=100.0187\text{（Ω）}$

$$R'_0=\overline{R}_\mathrm{i}-\Delta t_\mathrm{i}^*\bullet(\mathrm{d}R/\mathrm{d}t)_{0℃}=100.0187-(-0.116)\times0.39083=100.0640\text{（Ω）}$$

$$\Delta t_0=\frac{R'_0-R_0}{(\mathrm{d}R/\mathrm{d}t)_{0℃}}=\frac{100.0640-100}{0.39083}=0.164\text{（℃）}<0.3℃$$

所以该支温度计在 0℃的分度偏差满足要求。

23．一支 A 级的工业铂热电阻，在槽温为 99.861℃时的 4 次（包括电流换向）电阻测量值为 138.5652Ω、138.5761Ω、138.5652Ω、

138.5767Ω，则该支电阻在 100℃的分度偏差是否满足要求?

答：$\overline{R}_{h} = \dfrac{138.5652 + 138.5761 + 138.5652 + 138.5767}{4} = 138.5708$（Ω）

$$R'_{100} = \overline{R}_{h} - \Delta t_{h}^{*} \cdot (\mathrm{d}R/\mathrm{d}t)_{100℃} = 138.5708 - (99.861 - 100) \times 0.37928$$
$$= 138.6235 \text{（Ω）}$$

$$\Delta t_{100} = \frac{R'_{100} - R_{100}}{(\mathrm{d}R/\mathrm{d}t)_{100℃}} = \frac{138.6235 - 138.5055}{0.37928} = 0.311\text{（℃）} < 0.35℃$$

所以该支温度计在 100℃的分度偏差不满足要求。

24. 一支 B 级的工业铂热电阻，在槽温为 99.857℃时的 4 次（包括电流换向）电阻测量值为 138.5831Ω、138.5875Ω、138.5830Ω、138.5877Ω，则该支电阻在 100℃的分度偏差是否满足要求?

答：$\overline{R}_{h} = \dfrac{138.5831 + 138.5875 + 138.5830 + 138.5877}{4} = 138.5853$（Ω）

$$R'_{100} = \overline{R}_{h} - \Delta t_{h}^{*} \cdot (\mathrm{d}R/\mathrm{d}t)_{100℃} = 138.5853 - (99.857 - 100) \times 0.37928$$
$$= 138.6395 \text{（Ω）}$$

$$\Delta t_{100} = \frac{R'_{100} - R_{100}}{(\mathrm{d}R/\mathrm{d}t)_{100℃}} = \frac{138.6395 - 138.5055}{0.37928} = 0.353\text{（℃）} < 0.8℃$$

所以该支温度计在 100℃的分度偏差不满足要求。

25. 一支 $\frac{B}{5}$ 级 Pt100 工业铂热电阻，在 0℃的恒温槽中测得的电阻值为 100.008Ω，实际测得恒温槽的温度为−0.038℃。请计算该铂热电阻的温度偏差，并判断 0℃时的允许偏差是否合格。

答：根据 $\Delta t_{0} = \Delta t_{i} - \Delta t_{i}^{*} = \dfrac{R_{i} - R_{0}}{(\mathrm{d}R/\mathrm{d}t)_{0℃}} - \Delta t_{i}^{*}$

其中

$$(\mathrm{d}R/\mathrm{d}t)_{0℃} = 0.39083$$

所以

温度偏差 $\Delta t_0=\Delta t_\text{i}-\Delta t_\text{i}^*=\dfrac{R_\text{i}-R_0}{(\text{d}R/\text{d}t)_{0℃}}-\Delta t_\text{i}^*=\left(\dfrac{100.008-100}{0.39083}\right)$

$$-(-0.038)=0.058\ (℃)$$

$\dfrac{B}{5}$级铂电阻 100℃的允许偏差为±0.3℃×1/5=±0.06（℃），所以该支电阻 100℃允许偏差合格。

26. 有一支 B 级 Pt100 工业铂热电阻，在 100℃的恒温槽中测得的电阻值为 138.491Ω，实际测得恒温槽的温度为 99.962℃。请计算该铂热电阻的温度偏差，并判断其 100℃的允差是否合格?

答： 根据 $\Delta t_{100}=\Delta t_\text{h}-\Delta t_\text{h}^*=\dfrac{R_\text{h}-R_{100}}{(\text{d}R/\text{d}t)_{100℃}}-\Delta t_\text{i}^*$

其中

$$(\text{d}R/\text{d}t)_{100℃}=0.37928$$

$$\Delta t^*=99.962-100=-0.038\ (℃)$$

所以

温度偏差 $\Delta t_{100}=\Delta t_\text{h}-\Delta t_\text{h}^*=\dfrac{R_\text{h}-R_{100}}{(\text{d}R/\text{d}t)_{0℃}}-\Delta t_\text{i}^*$

$$=\left(\frac{138.451-138.506}{0.37928}\right)-(-0.038)=-0.107\ (℃)$$

B 级铂电阻 100℃的允许偏差为±（0.3℃+0.005×100℃）=±0.8（℃），所以该支电阻 100℃的允许偏差合格。

27. 已知一支 A 级工业铂热电阻在 0℃时的阻值为 100.025Ω，在 100℃时的阻值为 138.470Ω，则这支热电阻是否合格?

答：

$$|\Delta t_0|=\left|\frac{R_0'-R_0}{(\text{d}R/\text{d}t)_{0℃}}\right|=0.064\ (℃)<0.15℃$$

$$|\Delta t_{100}|=\left|\frac{R_{100}'-R_{100}}{(\text{d}R/\text{d}t)_{100℃}}\right|=0.095\ (℃)=<0.35℃$$

$$\Delta\alpha=\frac{R_{100}'-R_0'}{100\cdot R_0'}=-7.5\times10^{-6}\ (℃^{-1})$$

对于 A 级热电阻，$\Delta\alpha$ 的允许范围是 $(-7-23\Delta t_0)\times10^{-6}\leqslant\Delta\alpha\leqslant(7-23\Delta t_0)\times10^{-6}$，即 $-8.5\times10^{-6}℃^{-1}\leqslant\Delta\alpha\leqslant5.5\times10^{-6}℃^{-1}$，所以这支 A 级热电阻合格。

28. 已知一支 A 级工业铂热电阻在 0℃时的阻值为 100.040Ω，在 100℃时的阻值为 138.430Ω，则这支热电阻是否合格?

答：

$$\left|\Delta t_0\right|=\left|\frac{R_0'-R_0}{(\mathrm{d}R/\mathrm{d}t)_{t=0℃}}\right|=0.102\ (℃)<0.15℃$$

$$\left|\Delta t_{100}\right|=\left|\frac{R_{100}'-R_{100}}{(\mathrm{d}R/\mathrm{d}t)_{t=100℃}}\right|=0.200\ (℃)=<0.35℃$$

$$\Delta\alpha=\frac{R_{100}'-R_0'}{100\bullet R_0'}=-13.5\times10^{-6}\ (℃^{-1})$$

对于 A 级热电阻，$\Delta\alpha$ 的允许范围是 $(-7-23\Delta t_0)\times10^{-6}\leqslant\Delta\alpha\leqslant(7-23\Delta t_0)\times10^{-6}$，即 $-9.3\times10^{-6}℃^{-1}\leqslant\Delta\alpha\leqslant4.7\times10^{-6}℃^{-1}$，所以无法判断这支热电阻是否合格，还需要判断其 R_{300}' 是否满足允许偏差要求。

29. 已知一支 A 级工业铂热电阻在 0℃时的分度偏差为 0.085℃，在 100℃时的分度偏差为 0.164℃，则这支热电阻是否合格?

答：

$$\left|\Delta t_0\right|<0.15℃$$

$$\left|\Delta t_{100}\right|<0.35℃$$

$$R_0'=R_0+\Delta t_0\bullet(\mathrm{d}R/\mathrm{d}t)_{0℃}=100.0332\ (\Omega)$$

$$R_{100}'=R_{100}+\Delta t_{100}\bullet(\mathrm{d}R/\mathrm{d}t)_{100℃}=138.5677\ (\Omega)$$

$$\Delta\alpha=\frac{R_{100}'-R_0'}{100\bullet R_0'}=1.2\times10^{-6}\ (℃^{-1})$$

对于 A 级热电阻，$\Delta\alpha$ 的允许范围是 $(-7-23\Delta t_0)\times10^{-6}\leqslant\Delta\alpha\leqslant(7-23\Delta t_0)\times10^{-6}$，即 $-9.0\times10^{-6}℃^{-1}\leqslant\Delta\alpha\leqslant5.0\times10^{-6}℃^{-1}$，所以这支 A 级热电阻合格。

30. 已知一支 A 级工业铂热电阻在 0℃时的分度偏差为 0.092℃，在 100℃时的分度偏差为−0.220℃，则这支热电阻是否合格?

答：

$$\left|\Delta t_0\right| < 0.15℃$$

$$\left|\Delta t_{100}\right| < 0.35℃$$

$$R_0' = R_0 + \Delta t_0 \cdot (\mathrm{d}R/\mathrm{d}t)_{0℃} = 100.0360\ (\Omega)$$

$$R_{100}' = R_{100} + \Delta t_{100} \cdot (\mathrm{d}R/\mathrm{d}t)_{100℃} = 138.4221\ (\Omega)$$

$$\Delta\alpha = \frac{R_{100}' - R_0'}{100 \cdot R_0'} = -13.8 \times 10^{-6}\ (℃^{-1})$$

对于 A 级电阻，$\Delta\alpha$ 的允许范围是 $(-7-23\Delta t_0)\times 10^{-6} \leqslant \Delta\alpha \leqslant (7-23\Delta t_0)\times 10^{-6}$，即 $-9.1\times 10^{-6}℃^{-1} \leqslant \Delta\alpha \leqslant 4.9\times 10^{-6}℃^{-1}$，所以无法判断这支热电阻是否合格，还需要判断其 R_{300}' 是否满足允许偏差要求。

31．工业铂铜热电阻检定时，为什么电阻的测量回路中应采用电流换向开关？

答：因为接触电动势与连接导线、端子的材料和温度有关。接触电动势的随机性将影响电阻的测量结果，在电阻测量回路中采用换向开关能有效削弱接触电势的影响，减小测量不确定度。

32．工业铂、铜热电阻数据处理中修约的要求是什么？

答：数据处理中以修约误差不大于允许偏差的 1/10～1/20 为原则，规定了允许偏差检定时电阻值和 $\Delta\alpha$ 的修约间隔：A 级及以下等级热电阻的 R_0'、R_{100}' 计算结果修约到 1mΩ，AA 级及以上等级的修约到 0.1mΩ；AA 级和 A 级的 $\Delta\alpha$ 的取值修约至 10^{-7}，B 级、C 级和铜热电阻的 $\Delta\alpha$ 取值修约至 10^{-6}。

33．检定热电阻时水三相点瓶有什么作用？

答：（1）核查标准铂电阻温度计的 R_{tp}。

（2）检定 AA 级电阻，或检定 A 级电阻使用 0.02 级的测量仪器，R_{tp}^* 必须在水三相点瓶中用同一台电测仪器重新测量，因为 R_{tp}^* 和 R_i^*、R_h^* 用同一台电测设备测量，可显著减小测量不确定度。

（3）检定 AA 级以上的电阻，为减少测量不确定度，R_0 值建议在水三相点瓶中测量，通过 $R_0 = R_0' - 0.0039$ 计算得到。

34. 简述用液氮冻制水三相点的步骤。

答：（1）倒净水三相点容器温度计拼内的液体，将水三相点容器放置在水三相点支撑架上，将少量液氮加入水三相点容器的温度计拼底部，加到约 15mm 高度处，使底部结冰，液氮气化后继续添入液氮，但不要超过 15mm 高度处。

（2）待底部结成一层厚约 10mm 的冰壳后，将水三相点快速冻制器的插管套上中心定位管，插入水三相点容器的温度计拼内，两插管底部相接触。

（3）向水三相点快速冻制器内倒入无水乙醇，到冷凝器顶部的位置（约 200ml），然后向其中加入液氮，直至无水乙醇变成固态，盖上水三相点快速冻制器的盖子。

（4）用针管向水三相点容器温度计拼中加入无水乙醇直到水三相点容器中水面上方 10mm 处。

（5）观察液面，防止液面形成冰桥。如发现冰桥现象，用手或热毛巾捂化。

（6）冻制时间持续 1～2h，中间视水三相点快速冻制器中无水乙醇状态不时加入液氮，直至温度计拼周围形成均匀冰套为止。

35. 廉金属热电偶为什么要复校?

答：热电偶在测温中，由于受到环境、使用温度及绝缘材料和保护管污染等情况，经过一段时间使用后，其热电特性将发生变化，尤其在高温条件下，热电极材料的再结晶影响更严重，将会使热电偶的测量温度失真，增加测量结果的误差，为了保证被校热电偶在规定的技术性能下使用，所以热电偶使用中要进行复校。

36. 校准廉金属热电偶时为什么需要进行冰点补偿?

答：热电偶热电动势的大小既决定于热端温度，也决定于冷端温度。

其温度—热电势关系曲线是在冷端温度为 0℃时分度的；校准时如果热电偶冷端暴露在空间受到周围环境温度的影响，则校准时的冷端温度自由变化，必然会引起测量误差。为了消除这种误差，在校准中，我们使用冰点补偿，使其冷端温度处于 0℃。

37. 什么是均质导体定律？并简要说明其应用情况。

答：定律：由一种均质导体（或半导体）组成的闭合回路，不论导体（或半导体）的截面和长度如何及各处的温度分布如何，都不能产生非零热电动势。

应用：①热电偶必须由两种不同的热电极构成；②可检验两个热电极材料成分是否相同及材料的均匀性。

38. 什么是中间导体（中间金属）定律？并简要说明其应用情况。

答：定律：在热电偶回路中，只要中间导体两端温度相同，那么接入中间导体后，对热电偶回路中的总热电动势没有影响。

应用：用热电偶测温时，显示仪表和连接导线都可作为中间导体，根据中间导体定律，只要显示仪表和连接导线两端温度相同，它们对热电偶产生的热电动势就没有影响。

39. 什么是中间温度定律？并简要说明其应用情况。

答：定律：在热电偶回路中，如果热电极 A、B 分别与连接线 A′、B′相连，接点温度分别为 T、T_n、T_0 时，若 A 与 A′、B 与 B′材料分别相同时，该回路总的电动势为

$$E_{AB}(T, T_n, T_0) = E_{AB}(T, T_n) + E_{AB}(T_n, T_0)$$

应用：中间温度定律是测温中应用补偿导线的理论基础。

40. 什么是参考电极定律（又称标准电极定律）？并说明其应用情况。

答：定律：如果将热电极 C（一般为纯铂丝）作为参考电极（也称

标准电极），并已知参考电极与各种电极配对时的热电动势。那么在相同接点温度 (T, T_0) 下，任意两热电极 A、B 配对后的热电动势为

$$E_{AB}(T, T_0) = E_{AC}(T, T_0) - E_{BC}(T, T_0)$$

应用：利用参考电极定律就可计算出两导体组成热电偶时的热电动势。

41. 已知镍铬–镍硅（K）热电偶的热端温度 $t = 1200$℃，冷端温度 $t_0 = 30$℃，求 $E(t, t_0)$。

答：对于 K 型热电偶

$E(1200, 0) = 48.838$（mV）

$E(30, 0) = (30/100) \cdot 4.096 = 1.229$（mV）

则 $E(t, t_0) = E(1200, 30) = 48.838 - 1.229 = 47.609$（mV）

42. 已知标准铂铑 10-铂热电偶的冷端温度 $t_0 = 20$℃，现测得热电动势 $E(t, t_0) = 7.232$mV，求热端温度。

答：对于标准铂铑 10-铂热电偶

$E(20,0) = (20/100) \cdot 0.646 = 0.129$（mV）

$E(t, 0) = E(t, t_0) + E(t_0, 0) = 7.232 + 0.129 = 7.361$（mV）

则热端温度 $t = 800 + (7.361 - 7.345)/(8.449 - 7.345) \cdot 100$

$= 801.45$（℃）

43. 简述冰点（0℃）的制作及使用方法。

答：将清洁的水制冰，然后破碎成雪花状，放入冰桶内（一般可选择具有足够深度的保温容器）压实，再注入适量清洁的水，使水面低于冰面 1～2cm，这样实现的冰水混合物平衡温度可以认为是 0℃（相对于热电偶的测温误差，该平衡温度与 0℃的偏离可忽略）。

44. 热电偶在使用时为什么要连接补偿导线?

答：因为在使用热电偶测温时，必须将热电偶的参考端温度保持恒

定，但在现场使用时，热电偶参考端往往处于高温热源附近，必须将它远离热源，置于温度较为稳定的场所，又因补偿导线在规定使用温度范围内具有与热电偶相同的温度—热电动势关系，它可以起到延长热电偶的作用，所以热电偶在使用时要连接补偿导线。

45. 什么是热电偶?

答：热电偶是通过测量电动势从而测量温度的一种感温元件，是由两种不同成分的导体一端焊接制成的。焊接的一端为测量端，另一端为参考端。当测量端与参考端温度不同时，其构成的回路中就会有热电动势产生，将温度信号转变为电信号，再由测量仪表显示出来。

46. 作为热电偶的电极材料应具备的条件有哪些?

答：（1）配置成的热电偶应有较大的热电动势和热电动势率，且热电动势与温度之间呈线性关系或近似线性的单值函数关系。

（2）能在较宽的温度范围内应用，且物理、化学性能和热电特性都较稳定。

（3）电导率高，电阻温度系数和电阻率小。

（4）易于复制，工艺性与互换性好，便于制定统一的分度表。

（5）资源丰富，价格低廉。

47. 利用热电偶测温具有什么特点?

答：测量精度高，结构简单，动态响应快，可作远距离测量，测量范围广。

48. 铠装热电偶的组成和形式有哪些?

答：铠装热电偶是由热电极、绝缘材料、金属套管三者一次成型加工而成的热电偶。

铠装热电偶的形式有碰底型（接壳型）、不碰底型（绝缘型）、露头型（露端型）和帽型。

49. 校准廉金属热电偶时，使用补偿导线应注意哪些问题？

答：（1）只有校准 2 级允差热电偶时，才可接上补偿导线进行校准。

（2）补偿导线长度约 500mm，不宜过长。

（3）补偿导线只能与相应型号的热电偶配用，不能混用。

（4）补偿导线有正负极，切勿接反。

50. 简述 300℃以上温区廉金属热电偶双极比较法校准的过程。

答：将标准偶套上保护管，与套上绝缘瓷珠的被校廉金属热电偶用细镍铬丝捆扎成一束，然后将热电偶束插入管式炉内的均温块底部，使标准热电偶与被校热电偶处于同一径向截面上，且标准偶处于管式炉轴向位置上，热电偶测量端处于炉内最高均匀温区，炉口处用绝缘耐火材料封堵。

校准由低温向高温逐点升温进行，当测量标准温度偏离校准温度点±5℃以内，温度变化每分钟不超过 0.2℃时，用电测装置分别测量出标准热电偶和被校热电偶的热电动势值。读数顺序如下：

标准→被校 1→被校 2→被校 3→……→被检 *n*

↓

标准←被校 1←被校 2←被校 3←……←被检 *n*

每只热电偶的读数不少于 4 次，在每一校准温度点的整个读数过程，温度的变化不大于 0.5℃。通过下式计算得到检定温度点下被校热电偶的热电动势值。

$$e_{被}(t)=\overline{e}_{被}+\frac{e_{标证}-\overline{e}_{标}}{S_{标}}\cdot S_{被}+e_{补}$$

51. 简述双极法的优点和缺点。

答：优点：（1）标准、被校热电偶可以为不同种类的热电偶。

（2）可直接测量热电偶的电动势值，操作方便，原理简单。

（3）对测量端的处理简单，捆扎要求低。

（4）对电测设备要求不高。

缺点：（1）对炉温控制要求高。

（2）标准、被测热电偶的参考端应为 0℃。

52. 在 1000℃校准温度点附近，测得标准铂铑 10-铂热电偶热电动势的算术平均值 $\bar{e}_{标}$为 9.571mV，从标准铂铑 10-铂热电偶检定证书中查得 1000℃时热电动势 $e_{标证}$=为 9.595mV，微分热电动势 $S_{标}$= 0.012mV/℃，求此时管式炉内实际温度。

答：$\Delta t_{校}=t_{校}-t_{实}=\dfrac{\bar{e}_{标}-e_{标证}}{S_{标}}=\dfrac{9.571-9.595}{0.012}=2.0$（℃）

管式炉内的实际温度 $t_{实}=t_{校}-\Delta t_{校}=1000-2.0=998.0$（℃）

53. 在 200℃校准温度点附近，参考端为 0.0℃，被校 E 型热电偶未接补偿导线，测得被校热电偶的热电动势值为 13.440mV，标准水银温度计测得温场的实际温度为 200.05℃。从分度表查得，在 200℃时微分热电动势：$S_{被}$= 0.074mV/℃，求被校热电偶在 200℃时的热电动势。

答：$e_{被}(t)=\bar{e}_{被}+S_{被}\bullet\Delta t_{校}+e_{补}=\bar{e}_{被}+S_{被}\bullet(t_{校}-t_{实})+e_{补}$

$=13.440+0.074\times(200-200.05)=13.436$（mV）

54. 由标准铂铑 10-铂热电偶测得管式炉的温度为 999.0℃，被校 K 型热电偶热电动势的算术平均值 $\bar{e}_{被}$= 41.300mV。从分度表中查得被校热电偶的微分热电动势 $S_{被}$= 0.039mV/℃，求在 1000℃时被校热电偶热电动势。（被校热电偶未接补偿导线，$e_{补}$=0.0mV）

答：$e_{被}(t)=\bar{e}_{被}+S_{被}\bullet\Delta t_{校}+e_{补}=\bar{e}_{被}+S_{被}\bullet(t_{校}-t_{实})+e_{补}$

$=41.300+0.039\times(1000-999.0)=41.339$（mV）

55. 由标准铂铑 10-铂热电偶测得管式炉的温度为 999.0℃，被校 K

型热电偶热电动势的算术平均值$\overline{e}_{被}$=**41.315mV**。从分度表中查得被校热电偶的热电动势 $e_{分}$=**41.276mV**，微分热电动势 $S_{被}$= **0.039mV/℃**，求在 **1000**℃时被校热电偶温度示值偏差。（被校热电偶未接补偿导线，$e_{补}$= **0.0mV**）

答：$e_{被}(t)=\overline{e}_{被}+S_{被}\bullet\Delta t_{校}+e_{补}=\overline{e}_{被}+S_{被}\bullet(t_{校}-t_{实})+e_{补}$

$$=41.315+0.039\times(1000-999.0)=41.354\text{（mV）}$$

$$\Delta e_{1000}=41.354-41.276=0.078\text{（mV）}$$

$$\text{示值偏差}\ \Delta t_{1000}=\frac{\Delta e_{1000}}{S_{被}}=\frac{0.078}{0.039}=2.0\text{（℃）}$$

56. 在 **200**℃校准温度点附近，参考端为 **0.0**℃，被校 **E** 型热电偶未接补偿导线，测得被校热电偶的热电动势值为 **13.440mV**，标准水银温度计测得温场的实际温度为 **200.05**℃。从分度表查得，在 **200**℃时被校热电偶的热电动势 $e_{分}$ = **13.421mV**，微分热电动势 $S_{被}$= **0.074mV/℃**，求被校热电偶在 **200**℃时的温度示值偏差。

答：$e_{被}(t)=\overline{e}_{被}+S_{被}\bullet\Delta t_{校}+e_{补}=\overline{e}_{被}+S_{被}\bullet(t_{校}-t_{实})+e_{补}$

$$=13.440+0.074\times(200-200.05)=13.436\text{（mV）}$$

$$\Delta e_{200}=13.436-13.421=0.015\text{（mV）}$$

$$\text{示值偏差}\ \Delta t_{200}=\frac{\Delta e_{200}}{S_{被}}=\frac{0.015}{0.074}=0.2\text{（℃）}$$

57. 在 **400**℃校准温度点附近，测得标准铂电阻温度计电阻的算术平均值为 **248.902Ω**，从标准铂电阻温度计的检定证书中查得 **400**℃水三相点的电阻值 R_{tp} = **99.4352Ω**，分度表给出 W_{tn} =**2.50009296**；电阻比 **d*W*/d*t*** 的变化率为 **0.00357502**℃$^{-1}$，求此时该恒温设备的实际温度。

答：

$$W_{t}=\frac{\overline{R_{t}}}{R_{tp}}=\frac{248.902}{99.4352}=2.50315784$$

$$\Delta t_{校} = t_{校} - t_{实} = \frac{W_{tn} - W_t}{\left(\frac{dW_t}{dt}\right)_{tn}} = \frac{2.50009296 - 2.50315784}{0.0357502} = -0.1 \text{（℃）}$$

该恒温设备的实际温度 $t_{实} = t_{校} - \Delta t_{校} = 400 + 0.1 = 400.1$（℃）

58. 在 **400**℃校准温度点附近，由标准铂电阻温度计测得实际温度为 **400.5**℃，被校 **E** 型热电偶热电动势的算术平均值为 **29.066mV**；从分度表中查得被校热电偶的微分热电动势 $S_{被}$= **0.080mV/**℃，求在 **400**℃时被校热电偶热电动势。（被校热电偶未接补偿导线，$e_{补}$= **0.0mV**）

答：
$$e_{被}(t) = \bar{e}_{被} + S_{被} \cdot \Delta t_{校} + e_{补} = \bar{e}_{被} + S_{被} \cdot (t_{校} - t_{实}) + e_{补}$$
$$= 29.066 + 0.080 \times (400 - 400.5) = 29.026 \text{（mV）}$$

59. 在 **400**℃校准温度点附近，由标准铂电阻温度计测得实际温度为 **400.5**℃，被校 **E** 型热电偶热电动势的算术平均值为 **29.066mV**；从分度表中查得被校热电偶的热电动势 $e_{分}$= **28.946mV**，微分热电动势 $S_{被}$=**0.080mV/**℃，求在 **400**℃时被校热电偶温度示值偏差。（被校热电偶未接补偿导线，$e_{补}$=**0.0mV**）

答：
$$e_{被}(t) = \bar{e}_{被} + S_{被} \cdot \Delta t_{校} + e_{补} = \bar{e}_{被} + S_{被} \cdot (t_{校} - t_{实}) + e_{补}$$
$$= 29.066 + 0.080 \times (400 - 400.5) = 29.026 \text{（mV）}$$
$$\Delta e_{400} = 29.026 - 28.946 = 0.08 \text{（mV）}$$

示值偏差
$$\Delta t_{400} = \frac{\Delta e_{400}}{S_{被}} = \frac{0.08}{0.080} = 1 \text{（℃）}$$

三、压力计量

（一）单选题

1. 压力表按其介质不同，应在表壳、补圈或表盘涂以不同的颜色，以示区别。氧气压力表的颜色是（**A**）。

（A）天蓝色　　（B）深绿色

（C）黄色　　（D）褐色

2. 一般压力表的准确度等级划分为（**C**）级。

（A）0.5、1、1.5、2　　（B）1、1.5、2、4

（C）1、1.6、2.5、4　　（D）1、1.5、2、2.5

3. 测量上限在 **0.25MPa** 以下的压力表，检定时使用（**D**）作为工作介质。

（A）油　　（B）水

（C）酒精　　（D）空气或氮气

4. 压力表的允许误差是（**D**）。

（A）压力极限量与真空极限量和的百分数

（B）压力极限量和准确度等级百分数

（C）压力极限量与真空极限量、准确度等级百分数之和

（D）压力极限量与真空极限量之和，乘以准确度等级百分数

5. 当精密压力表的示值为零时，说明此时的绝对压力与（**C**）相等。

（A）余压（表压）　　（B）疏空

（C）大气压力　　　　　　（D）真空

6. U 形液体压力计的一端通大气，另一端抽气，而使液面上升，此时液面高的一端上部空间的压力称（**B**）。

（A）余压（表压）　　　　（B）真空（绝压）

（C）疏空（负压）　　　　（D）大气压

7. 同一准确度等级、同一测量范围、同一生产厂生产的同一类型的多台活塞式压力计，其专用砝码（**D**）。

（A）可以互换使用　　　　（B）可以部分互换使用

（C）规定条件不明确　　　（D）不能互换

8. 压力单位帕斯卡的定义与（**D**）。

（A）与标准重力加速度有关

（B）与测试地的重力加速度有关

（C）与重力加速度有关

（D）与任何重力加速度无关

9. 经检定合格，可以任意使用，不受地区限制的压力仪器仪表为（**B**）。

（A）活塞式压力计　　　　（B）标准液体压力计

（C）浮球压力发生器　　　（D）双活塞压力真空计

10. 用一等标准补偿式微压计，检定同量限的二等标准补偿式微压计，可以不进行温度修正，是因为（**D**）。

（A）与温度无关

（B）只是对长度作检定，不需要修正

（C）微压计在室温下使用，不需要修正

（D）二者处于基本相同的环境条件，因此无需修正

11. 各种液体压力计，特别是标准液体压力计，不能随时应用，而必需在使用前反复多次地将工作介质压到上限，然后对好零位，才能正式使用，该做法是为了减少（**B**）。

（A）压力计内工作液体的温度不平衡

（B）管壁对工作液体的吸附作用

（C）工作介质的表面张力

（D）工作介质的膨胀和收缩

12. 经检定合格的活塞式压力计，处于工作状态，当活塞杆的截面不变时，压力计活塞杆与活塞筒之间的间隙的大小（**A**）。

（A）直接影响压力量值，间隙大压力小

（B）直接影响压力量值，间隙大压力大

（C）与压力量值无关

（D）影响活塞下降速度，间隙越大则活塞下降速度越慢

13. 当绝对压力小于大气压力时，疏空（负压）应等于（**B**）。

（A）绝对压力–大气压力　　（B）大气压力–绝对压力

（C）大气压力–余压（表压）　　（D）表压–绝对压力

14. 对弹性元件压力仪表，在选择弹性元件材料时，应选用（**C**）。

（A）弹性迟滞大的　　（B）残余形变大的

（C）弹性形变大的　　（D）疲劳形变大的

15. 用起始平衡法测定活塞有效面积，主要考虑（**A**）。

（A）消除两活塞杆端面液柱差

（B）提高活塞式压力计灵敏度

（C）温度影响

（D）活塞形变

16. 活塞式压力计的基本参数采用活塞有效面积，而不直接用活塞杆截面积，是因为考虑（**B**）的影响。

（A）工作介质的质量　　（B）工作介质的黏滞摩擦力
（C）工作介质的浮力　　（D）工作介质的表面张力

17. 精密压力表的准确度等级划分为（**D**）级。

（A）0.2、0.35、0.5　　（B）0.16、0.25、0.4
（C）0.2、0.35、0.6　　（D）0.25、0.4、0.6

18. 标准活塞式压力计的准确度等级，分为（**D**）级。

（A）0.01、0.02、0.03　　（B）0.01、0.025、0.04
（C）0.02、0.04、0.06　　（D）0.02、0.05、0.2

19. 对一般液体压力计，其管中的工作介质呈弯月面，是因为液体（**D**）。

（A）吸附作用
（B）黏滞现象
（C）热胀冷缩的性能
（D）表面张力引起的毛细现象

20. 弹簧管式压力表的传动机构装有螺旋形游丝，其作用是（**C**）。

（A）拉紧弹簧管
（B）控制指针转动
（C）消除扇形齿轮与中心轴齿轮间的齿合间隙
（D）控制扇形齿轮旋转

21. 一般弹簧管式压力表利用传动机构，其指针可以旋转的角度为（**C**）。

（A）90°　　（B）180°

（C）270°　　（D）360°

22. 压力表主要用于（**B**）、气体与蒸汽压力和真空的测量。

（A）固体　　（B）液体　　（C）液态

23. **1.6** 级一般压力表的测量上限的 **90%～100%** 允许误差按测量上限乘以（**A**）级的百分数换算。

（A）2.5　　（B）1.6

（C）4　　（D）1

24. 在测量范围内，回程误差应不大于所规定的（**C**）的绝对值。

（A）轻敲位移　　（B）示值误差

（C）最大允许误差　　（D）1/2 最大允许误差

25. 轻敲位移后，指针示值变动量应不大于允许误差绝对值的（**B**）。

（A）1/4　　（B）1/2

（C）1/3　　（D）1/5

26. 乙炔表应有（**A**）的色标。

（A）白色　　（B）天蓝色

（C）黄色　　（D）深绿色

27. 一般压力表的缩格应不得超过（**B**）的绝对值。

（A）相对误差　　（B）允许误差

（C）示值误差　　（D）绝对误差

28. 没有止销的压力表，零位标志应不超过允许误差的（**A**）。

（A）2 倍　　（B）3 倍

（C）4 倍　　（D）1 倍

29. 一般压力表应在（**20±5**）℃的条件下，至少静置（**B**）方可检定。

（A）1h　（B）2h　（C）3h　（D）4h

30. 一般压力表的示值误差应按（**C**）的 **1/5** 估读。

（A）分度格　（B）分度线

（C）分度值　（D）表格

31. 真空表按当地大气压 **90%**以上疏空度进行耐压（**C**）。

（A）检验　（B）检查

（C）检定　（D）查验

32. 示值误差是指检定时，对每一检定点，在升压和降压检定时，轻敲表壳前、后的（**C**）与标准器示值之差。

（A）回程　（B）变动量

（C）示值　（D）位移

33. 回程误差是指检定时，对同一检定点，在升压和降压检定时，轻敲（**A**）后示值之差。

（A）表壳　（B）指针

（C）表玻璃　（D）压力

34. 轻敲位移是指检定时，对（**B**）点，在升压和降压检定时，轻敲表壳后引起的示值变动量。

（A）压力下限　（B）每一检定

（C）同一检定　（D）压力上限

35. 法定计量单位牛顿每平方米的中文符号是（**B**）。

（A）牛顿/米^2　（B）牛/米^2

（C）牛顿/平方米　　（D）牛/平方米

36. 活塞式压力计受温度影响而产生有效面积值变化，应考虑温度修正，其活塞有效面积值修正量为（**C**）。

（A）（$\alpha_1+\alpha_2$）t　　（B）（$\alpha_1+\alpha_2$）（$20+t$）

（C）（$\alpha_1+\alpha_2$）（$20-t$）　　（D）（$\alpha_1+\alpha_2$）$20t$

37. 当绝对压力大于大气压力时，绝对压力等于与大气压力与（**C**）之和。

（A）绝对压力　　（B）压差

（C）表面压力　　（D）真空压力

38. 当绝对压力小于大气压力时，则把该绝对压力叫作（**C**）。

（A）差压　　（B）疏空

（C）真空度　　（D）绝对压力

39. 某单位送检一块测量上限为 **0.25～250MPa** 的压力表，它的检定介质是（**D**）。

（A）清洁空气　　（B）药用甘油

（C）化学稳定的气体　　（D）无腐蚀性液体

40. 日常使用的压力表是测量（**B**）的仪器。

（A）压力　　（B）压强

（C）垂直作用力　　（D）绝压压力

41. 不包括大气压在内的压力为（**A**）。

（A）表压力　　（B）绝对压力

（C）标准压力　　（D）相对压力

42. 氧气压力表严禁测量一切含油成分介质的压力，因此仪表上均有明显的（**A**）禁油标志。

（A）红色　　（B）蓝色

（C）黄色　　（D）白色

43. 按检定规程开展仪表检定工作的必要条件之一，必须有（**B**）以上具有相应检定能力的计量检定人员。

（A）1 名　　（B）2 名

（C）3 名　　（D）4 名

44. 用于检定弹簧管式一般压力表、压力真空表和真空表的标准器的允许误差绝对值应不大于被检压力表允许误差绝对值的（**C**）。

（A）1/2　　（B）1/3

（C）1/4　　（D）1/5

45. 一般工业压力表的表壳应涂以（**C**）。

（A）黄色　　（B）天兰色

（C）黑色　　（D）深绿色

46. 某被检压力表量程为（**0～100**）**kPa**，在 **50kPa** 处检定值为 **50.5kPa**，则在 **50kPa** 处被检压力表示值的引用误差为（**C**）。

（A）0.1%　　（B）0.2%

（C）0.5%　　（D）1.0%

47. 一般压力表的检定周期可根据使用环境和使用频繁程度决定，一般不超过（**A**）。

（A）6 个月　　（B）12 个月

（C）15 个月　　（D）24 个月

48. 带有止销的压力表，在无压力或真空时，指针应紧靠止销，锁格应不超过（**B**）。

（A）最大允许误差绝对值的 1/2

（B）最大允许误差绝对值

（C）最大允许误差绝对值的 2 倍

（D）最大允许误差

49. 压力表轻敲位移不大于（**A**）。

（A）最大允许误差绝对值的 1/2

（B）最大允许误差绝对值

（C）最大允许误差绝对值的 2 倍

（D）最大允许误差

50. 液体、气体和蒸汽所处空间的全部压力称为（**A**）。

（A）绝对压力　　（B）相对压力

（C）大气压力　　（D）正压力

51. **1atm**（标准大气压）=（**A**）**kPa**。

（A）101.325　　（B）100

（C）98.0665　　（D）133.3224

52. 检定压力表的环境温度要求为（**A**）。

（A）（20±5）℃　　（B）（20±2）℃

（C）（20±3）℃　　（D）（20±1）℃

53. 压力表示值误差检定时，读取被检压力表示值应按最小分度值的（**D**）进行估读。

（A）1/2　　（B）1/3

（C）1/4　　（D）1/5

54. 一台新制造的压力变送器的准确度等级为 **0.5** 级，则该表的回程误差应为（**B**）。

（A）不大于 0.5%　　（B）不大于 0.4%

（C）±0.5%　　（D）±0.4%

55. **0.1** 级以下的压力变送器检定时所需的标准仪器及配套设备成套后，检定时引入的扩展不确定度应不大于被检压力变送器最大允许误差绝对值的（**C**）。

（A）1/2　　（B）1/3

（C）1/4　　（D）1/5

56. 密封性检查时，平稳地升压（或疏空），使压力变送器测量室压力达到测量上限值，关闭压力源，密封（**C**），应无泄漏。

（A）5min　　（B）10min

（C）15min　　（D）60min

57. 检定 **0.05** 级压力变送器时，环境温度应满足（**B**）。

（A）（20±1）℃　　（B）（20±2）℃

（C）（20±3）℃　　（D）（20±5）℃

58. **0.05** 级压力变送器检定时所需的标准仪器及配套设备成套后，检定时引入的扩展不确定度 ***U*** 应不大于被检压力变送器最大允许误差绝对值的（**B**）。

（A）1/2　　（B）1/3

（C）1/4　　（D）1/5

59. 检定压力变送器时升压和降压定义为一个循环，**0.1** 级以上的压力变送器应进行（**B**）个循环的检定。

（A）1　　（B）2

（C）3　　（D）4

60. 压力变送器原测量范围为（**0～100**）**kPa**，现将其零点迁移 **100%**，则其测量范围为（**C**）。

（A）（0～100）kPa　　（B）（–100～0）kPa

（C）（100～200）kPa　　（D）（–50～100）kPa

61. 加在密封液体上的压力，能够按照原来的大小由液体向各个方向传递，这就是（**C**）。

（A）胡克定律　　（B）牛顿第一定律

（C）帕斯卡定律　　（D）牛顿第二定律

62. 数字压力计的回程误差不得大于最大允许误差绝对值的（**C**）。

（A）1/2　　（B）1/3　　（C）1 倍　　（D）2 倍

63. 数字压力计（不含绝压压力计）的零位漂移在 **1h** 内不得大于误差绝对值的（**A**）。

（A）1/2　　（B）1 倍

（C）2 倍　　（D）1/3

64. 某被检压力表量程为（**0～100**）**kPa**，在 **50kPa** 处检定值为 **49.5kPa**，则在 **50kPa** 处被检压力表示值误差为（**D**）。

（A）0kPa　　（B）0.2kPa

（C）0.5kPa　　（D）–0.5kPa

65. 用测量范围为（**0～4**）**MPa** 标准器检定（**0～2**）**MPa** 数字压力计，标准示值在 **1MPa** 时，被检数字压力计示值为 **1.02MPa**，则该数字压力计相对误差为（**B**）。

（A）1%　　（B）2%

（C）4%　　　（D）0.5%

66. 用测量范围为（**0～4**）**MPa** 标准器检定（**0～2**）**MPa** 数字压力计，标准示值在 **1MPa** 时，被检数字压力计示值为 **1.02MPa**，则该数字压力计引用误差为（**A**）。

（A）1%　　　（B）2%

（C）4%　　　（D）0.5%

67. 压力单位帕斯卡用量纲表示应为（**C**）。

（A）LMT^{-2}　　　（B）$L^{-1}M^{-1}T^{-2}$

（C）$L^{-1}MT^{-2}$　　　（D）$LM^{-1}T^{-2}$

68. 准确度等级为 **0.05** 级及以上数字压力计检定点应不少于（**C**）个点（含零点）。

（A）5　　　（B）8

（C）10　　　（D）15

69. 用测量范围为（**0～4**）**MPa** 标准器检定（**0～2**）**MPa** 数字压力计，标准示值为 **1MPa** 时，被检数字压力计示值为 **1.02MPa**，则该数字压力计绝对误差为（**B**）。

（A）0.01MPa　　　（B）0.02MPa

（C）－0.02MPa　　　（D）－0.01MPa

70. **0.02** 级及以上数字压力计检定环境温度要求为（**A**）。

（A）（20±1）℃　　　（B）（20±2）℃

（C）（20±3）℃　　　（D）（20±5）℃

71. 压力控制器设定值为 **6MPa**，检定进行三次循环，测得控制器三次上切换值分别为 **6.08**、**6.10**、**6.12MPa**，三次下切换值分别为

5.90、5.92、5.94MPa，则该控制器上切换设定点偏差为（**D**）。

（A）0.04MPa　　（B）0.06MPa

（C）0.08MPa　　（D）0.10MPa

72. 切换差不可调节的压力控制器，规定其切换差一般不大于量程的（**B**）。

（A）5%　　（B）10%

（C）15%　　（D）20%

73. 检定压力控制器不包括的检定项目为（**D**）。

（A）设定点偏差　　（B）重复性误差

（C）切换差　　（D）回程误差

74. 作用在单位面积上的表面力称为（**B**）。

（A）弹性力　　（B）应力

（C）剪切力　　（D）惯性力

75. 流体静力平衡微分方程又称（**A**）。

（A）欧拉方程　　（B）格林公式

（C）胡可定律　　（D）帕斯卡定律

76. 检定压力控制器的标准器最大允许误差绝对值应小于控制器重复性误差允许值的（**A**）。

（A）1/4　　（B）1/3

（C）1/2　　（D）1/5

77. 准确度等级为 **0.5** 级压力控制器，其重复性误差允许值（按量程百分数计算）为（**B**）。

（A）0.4%　　（B）0.5%

（C）1.0%　　（D）1.5%

78. 压力控制器设定值为 **6MPa**，检定进行三次循环，测得控制器三次上切换值分别为 **6.08**、**6.10**、**6.12MPa**，三次下切换值分别为 **5.90**、**5.92**、**5.94MPa**，则该控制器切换差为（**C**）。

（A）0.04MPa　　（B）0.12MPa

（C）0.18MPa　　（D）0.08MPa

79. 压力控制器设定值为 **6MPa**，检定进行三次循环，测得控制器三次上切换值分别为 **6.08**、**6.10**、**6.12MPa**，三次下切换值分别为 **5.90**、**5.92**、**5.94MPa**，则该控制器重复性误差为（**A**）。

（A）0.04MPa　　（B）0.06MPa

（C）0.08MPa　　（D）0.10MPa

80. 精密压力表的检定周期可根据使用环境及使用频繁程度确定，一般不超过（**C**）。

（A）半年　　（B）2 年

（C）1 年　　（D）4 年

81. 电接点压力表的绝缘电阻应不小于（**B**）**MΩ**。

（A）10　　（B）20

（C）30　　（D）40

82. 下列不属于特殊气体压力表的为（**C**）。

（A）氧气压力表　　（B）氢气压力表

（C）氮气压力表　　（D）乙炔压力表

83. 活塞式压力计一般由活塞系统、专用砝码和（**A**）组成。

（A）校验器　　（B）压力泵

（C）工作电源　　（D）电测设备

84. 活塞式压力计不包括的准确度等级为（**C**）。

（A）0.005 级　　（B）0.02 级

（C）0.025 级　　（D）0.01 级

85. 0.01 级活塞式压力计活塞有效面积最大允许误差为（**B**）。

（A）±0.003%　　（B）±0.006%

（C）±0.005%　　（D）±0.01%

86. 0.01 级活塞式压力计专用砝码质量最大允许误差为（**A**）。

（A）±0.003%　　（B）±0.006%

（C）±0.005%　　（D）±0.01%

87. 活塞式压力计的鉴别力应小于能产生相当于最大允许误差（**A**）压力的砝码质量值。

（A）10%　　（B）5%

（C）8%　　（D）20%

88. 0.01 级活塞式压力计活塞有效面积周期变化率不大于（**B**）。

（A）0.003%　　（B）0.004%

（C）0.005%　　（D）0.01%

89. 当活塞式压力计测量范围下限无法确定时，测量范围下限应按测量范围上限的（**A**）计算。

（A）10%　　（B）5%

（C）8%　　（D）20%

90. 0.01 级活塞式压力计垂直度不大于（**B**）。

（A）3′　　（B）2′
（C）5′　　（D）10′

91. **JJG 59—2007**《活塞式压力计检定规程》适用于（**B**）。
（A）气体介质简单活塞压力计
（B）液体介质简单活塞压力计
（C）反压型活塞压力计
（D）可控间隙活塞压力计

92. 检定活塞式压力计时，作为标准器活塞式压力计的有效面积最大允许误差小于被检压力计有效面积最大允许误差的（**C**）。
（A）1/3　　（B）1/4
（C）1/2　　（D）1/5

93. 检定 **0.01** 级活塞式压力计有效面积时环境温度要求为（**A**）。
（A）（20±0.5）℃　　（B）（20±1）℃
（C）（20±2）℃　　（D）（20±5）℃

94. **0.05** 级活塞式压力计活塞有效面积周期变化率不大于（**B**）。
（A）0.003%　　（B）0.015%
（C）0.005%　　（D）0.01%

95. **JJG 59—2007**《活塞式压力计检定规程》中规定（**A**）活塞式压力计专用砝码应使用无磁金属材料。
（A）0.02 级及以上　　（B）0.05 级及以上
（C）0.01 级及以上　　（D）0.005 级及以上

96. 准确度等级为 **0.1** 级的精密压力表最大允许误差为（**B**）。
（A）±0.2%　　（B）±0.1%

（C）±0.16%　　（D）±0.15%

97. 精密压力表轻敲位移不得大于最大允许误差绝对值的（**B**）。

（A）1/3　　（B）1/2

（C）1/4　　（D）1/5

98. 精密压力表回程误差不得大于最大允许误差绝对值的（**A**）。

（A）1 倍　　（B）1/2

（C）1/4　　（D）2 倍

99. 精密压力表的示值误差不得大于最大允许误差的（**A**）。

（A）1 倍　　（B）1/2

（C）1/4　　（D）2 倍

100. 精密压力表零位误差不得大于最大允许误差的（**A**）。

（A）1 倍　　（B）1/2

（C）1/4　　（D）2 倍

101. 检定精密压力表时，标准器的最大允许误差绝对值不得大于被检精密压力表最大允许误差绝对值的（**C**）。

（A）1 倍　　（B）1/2

（C）1/4　　（D）2 倍

102. 检定 **0.1** 级精密压力表时环境温度要求为（**C**）。

（A）（20±0.5）℃　　（B）（20±1）℃

（C）（20±2）℃　　（D）（20±3）℃

103. 检定 **0.4** 级和 **0.6** 级精密压力表时环境温度要求为（**D**）。

（A）（20±0.5）℃　　（B）（20±1）℃

（C）（20±2）℃　　（D）（20±3）℃

104. 精密压力表的示值误差检定点不少于（**B**）。

（A）8 个点（包含零点）　　（B）8 个点（不包含零点）

（C）10 个点（包含零点）　　（D）9 个点（不包含零点）

105. 读取精密压力表示值应按照分度值（**C**）进行估读。

（A）1/2　　（B）1/5

（C）1/10　　（D）1/4

106. 将一个正行程和反行程检定称为一个检定循环，**0.25** 级精密压力表检定需进行（**B**）次循环。

（A）1　　（B）2

（C）3　　（D）4

107. 将一个正行程和反行程检定称为一个检定循环，**300** 分格精密压力表检定需进行（**B**）次循环。

（A）1　　（B）2

（C）3　　（D）4

108. **0.25** 等级的 **300** 分格精密压力表示值误差不大于（**D**）。

（A）0.2 格　　（B）0.4 格

（C）0.5 格　　（D）1 格

109. **0.25** 等级的 **300** 分格精密压力表轻敲位移不大于（**B**）。

（A）0.2 格　　（B）0.4 格

（C）0.5 格　　（D）1 格

110. 压力传感器（静态）的线性的绝对值应不大于基本差限绝对

值的（**A**）。

（A）1 倍　（B）1/2

（C）1/3　（D）2 倍

111. 压力传感器（静态）的零点漂移应不大于基本差限绝对值的（**B**）。

（A）1 倍　（B）1/2

（C）1/3　（D）2 倍

112. 压力传感器（静态）的重复性应不大于基本差限绝对值的（**A**）。

（A）1 倍　（B）1/2

（C）1/3　（D）2 倍

113. 压力传感器（静态）的迟滞应不大于基本差限绝对值的（**A**）。

（A）1 倍　（B）1/2

（C）1/3　（D）2 倍

114. 压力传感器（静态）的绝缘电阻不小于（**B**）。

（A）5MΩ　（B）10MΩ

（C）15MΩ　（D）20MΩ

115. 不随时间变化的压力称为静压，一般地每分钟不大于（**A**）变化的压力均称为静压。

（A）5%　（B）10%

（C）3%　（D）20%

116. **1at**（工程大气压）等于（**B**）**kPa**。

（A）100　（B）98.0665

（C）110　（D）98

117. **1bar** 等于（**A**）**kPa**。

（A）100　　（B）98.0665

（C）110　　（D）98

118. 检定标准级压力传感器（动态）时，对每个频率点测量次数不少于（**C**）次。

（A）10　　（B）9

（C）12　　（D）6

119. 检定普通级压力传感器（动态）时，对每个频率点测量次数不少于（**D**）次。

（A）10　　（B）9

（C）12　　（D）6

120. 活塞式压力计首次检定后的检定周期为（**A**）。

（A）1 年　　（B）2 年

（C）3 年　　（D）4 年

121. 活塞式压力计后续检定后的检定周期为（**B**）。

（A）1 年　　（B）2 年　　（C）3 年　　（D）4 年

122. 活塞式压力计的活塞有效面积极限误差 δ 和实验标准差 σ 关系为（**C**）。

（A）$\delta=\pm\sigma$　　（B）$\delta=\pm 2\sigma$

（C）$\delta=\pm 3\sigma$　　（D）$\delta=\pm 4\sigma$

（二）多选题

1. 常用的液体压力计有（**ABCD**）。

（A）补偿式微压计　　（B）斜管微压计

（C）U 形管压力计　　（D）杯形压力计

2. 电测式压力计常见的型式有（**ABCD**）。

（A）压电式　　（B）电感式

（C）电容式　　（D）应变式

3. 电测式压力计一般由（**ABC**）构成。

（A）压力传感部分　　（B）测量电路部分

（C）指示器　　（D）弹性元件

4. 精密压力表的检定项目包括（**ABCD**）。

（A）零位误差　　（B）示值误差

（C）回程误差　　（D）轻敲位移

5. 精密压力表分度值应符合的关系式有（**ABC**）。

（A）1×10^n　　（B）2×10^n

（C）5×10^n　　（D）4×10^n

6. 下列可作为检定精密压力表的标准器的是（**ABCD**）。

（A）活塞式压力计　　（B）补偿式微压计

（C）数字压力计　　（D）标准液体压力计

7. 检定精密压力表配套的辅助设备有（**ABC**）。

（A）压力（真空）校验器　　（B）压力（真空）泵

（C）隔离器　　（D）绝缘电阻表

8. 下列等级中，（**ABC**）精密压力表的检定温度要求为（**20±2**）℃。

（A）0.1 级　　（B）0.16 级

（C）0.25 级　　（D）0.4 级

9． 活塞式压力计按结构可分为（**ACD**）。

（A）简单活塞压力计　（B）复杂活塞压力计

（C）反压型活塞压力计　（D）可控间隙活塞压力计

10． 活塞式压力计检定项目包括（**ABCD**）。

（A）密封性　（B）垂直度

（C）活塞有效面积　（D）鉴别力

11． **JJG 59—2007**《活塞式压力计检定规程》中推荐活塞式压力计使用的液体介质为（**BCD**）。

（A）水　（B）变压器油

（C）变压器油与煤油的混合物　（D）癸二酸酯

12． 精密压力表准确度等级包括（**ACD**）。

（A）0.1 级　（B）0.15 级

（C）0.16 级　（D）0.25 级

13． 压力仪表的感压单元按工作原理可分为（**ABCD**）。

（A）电容式　（B）谐振式

（C）压阻式　（D）力平衡式

14． 常用一般压力表准确度等级包括（**ABC**）。

（A）1 级　（B）1.6 级

（C）2.5 级　（D）6 级

15． 与压力单位相关的基本单位有（**ACD**）。

（A）kg　（B）A

（C）m　（D）s

16. 压力表按弹性敏感元件不同可划分为（**ABD**）。

（A）弹簧管式　（B）膜盒式
（C）活塞式　（D）波纹管式

17. 下列名词中不属于压力名词术语的是（**BCD**）。

（A）动压　（B）超高压
（C）微压　（D）真空

18. 压力控制器按照感压元件可分为（**ABCD**）。

（A）膜片式　（B）膜盒式
（C）活塞式　（D）波纹管式

19. 下列不属于液体压力计的是（**BD**）。

（A）U 型管压力计　（B）液柱平衡活塞式压力计
（C）补偿微压计　（D）空盒气压计

20. 压力控制器计量性能要求包括（**ABC**）。

（A）控压范围　（B）设定点偏差
（C）重复性误差　（D）稳定性

21. 压力控制器准确度等级可划分为（**BCD**）。

（A）0.2 级　（B）0.5 级
（C）1.0 级　（D）1.5 级

22. 压力表的计量性能要求包括（**ABD**）。

（A）零位误差　（B）示值误差
（C）零位漂移　（D）回程误差

23. 可作为检定压力表的标准器为（**ABC**）。

（A）弹簧元件式精密压力表

（B）活塞式压力计

（C）0.05 级及以上数字压力计

（D）高精度弹簧元件式压力表

24. 检定压力变送器时，可选择（**ABC**）作为主标准器。

（A）活塞式压力计

（B）补偿式微压计

（C）数字压力计（0.05 级以上，年稳定性合格）

（D）精密压力表

25. 压力变送器标准输出化信号一般包括（**ABC**）。

（A）（0～10）mA 电流信号　（B）（4～20）mA 电流信号

（C）（1～5）V 电压信号　（D）（0～250）Ω 电阻信号

26. 压力变送器按感压原理可划分为（**ABD**）。

（A）电容式　（B）压阻式

（C）活塞式　（D）电感式

27. 压力变送器后续检定可不检项目为（**AD**）

（A）密封性　（B）示值误差

（C）回程误差　（D）绝缘强度

28. 压力变送器按准确度等级划分为（**ABC**）

（A）0.05 级　（B）0.075 级　（C）0.5 级　（D）1.6 级

29. 智能压力变送器具备的功能包括（**ABCD**）。

（A）自动补偿温度　（B）通信

（C）自诊断 （D）自动补偿静压

30. 压力变送器首次检定应检项目为（**ABCD**）。

（A）外观 （B）密封性

（C）示值误差 （D）回程误差

31. 测量压力变送器输出电流可通过的设备包括（**AB**）。

（A）直流电流表

（B）直流电压表和标准电阻

（C）直流稳压源和标准电阻

（D）交流稳压源和标准电阻

32. 下列参数中与差压变送器静压影响的检定有关的是（**ABC**）。

（A）差压变送器满量程输出值

（B）额度工作压力下的下限输出值

（C）大气压状态下的下限输出值

（D）额度工作压力下的上限输出值

33. 压力变送器使用中检查必须做的检定项目包括（**AC**）。

（A）外观 （B）回程误差

（C）示值误差 （D）密封性

34. 压力变送器的组成包括（**ABC**）。

（A）感压单元 （B）信号处理单元

（C）转换单元 （D）输出单元

35. 电容式压力变送器的类型包括（**ABC**）。

（A）变面积式 （B）变间隙式

（C）变极间距离式 （D）变电容式

36. 下列检定系统图中与压力有关的是（**ABD**）

（A）微压检定系统图　　（B）动压检定系统图

（C）负压检定系统图　　（D）真空检定系统图

37. 压力仪表按作用原理分类包括（**ABC**）

（A）液体式　　（B）活塞式

（C）弹性式　　（D）电离式

38. 数字压力计计量性能要求包括（**ABCD**）

（A）外观　　（B）零位漂移

（C）稳定性　　（D）示值误差

39. 数字压力计按结构不同划分为（**CD**）

（A）活塞式　　（B）膜盒式

（C）整体型　　（D）分离型

40. 数字压力计一般由（**ABCD**）组成。

（A）压力传感器　　（B）信号处理单元

（C）显示单元　　（D）工作电源

41. 按照我国的压力计量器具检定系统，可将压力计量器具分为（**ACD**）。

（A）压力基准器具　　（B）工业压力计量器具

（C）压力标准器具　　（D）工作用压力计量器具

42. 下计量单位中是压力单位的有（**ABD**）

（A）Pa　　（B）mmH_2O

（C）N/m　　（D）N/m^2

43. 压力量作为导出量，由下列基本量（**ABC**）导出。

（A）长度　（B）质量
（C）时间　（D）重量

44. 压力传感器（静态）通常由（**AC**）构成。

（A）压力敏感元件　（B）显示单元
（C）信号处理单元　（D）工作电源

45. 按测压类型分，压力传感器（静态）通常分为（**ABC**）。

（A）表压传感器　（B）差压传感器
（C）绝压传感器　（D）负压传感器

46. 压力传感器（静态）检定项目包括（**ABCD**）。

（A）曲线符合度　（B）迟滞
（C）线性　（D）周期稳定性

47. 针对理想流体而言，伯努利方程定义为（**ABC**）之和为常量。

（A）压力势能　（B）重力势能
（C）动能　（D）机械能

48. 在压力变送器中，常见的压阻式传感器有（**ABC**）。

（A）应变式　（B）陶瓷压阻
（C）扩散硅　（D）单晶硅

49. 压力传感器（动态）输出信号通常为（**ABCD**）。

（A）电压　（B）电流　（C）电荷　（D）频率

50. 检定压力传感器（动态）的标准器需包含（**ABCD**）。

（A）正弦压力标准　（B）余弦压力标准

（C）激波管动态压力标准　　（D）快开阀动态压力标准

51．活塞式压力真空计准确度等级一般分为（CD）。

（A）0.005 级　　（B）0.01 级

（C）0.02 级　　（D）0.05 级

52．计量器具控制包括（ABC）。

（A）首次检定　　（B）后续检定

（C）使用中检查　　（D）期间核查

53．数字压力计检定用的辅助设备通常包括（ABCD）。

（A）绝缘电阻表　　（B）压力泵（真空泵）

（C）调压器　　（D）三通及导管

（三）判断题

1．绝对压力为 50kPa，大气压力为 100kPa，则相对压力为–50kPa。（√）

2．检定氧气压力表时可选择癸二酸二异辛酯作为传压介质。（×）

3．弹簧管式一般压力表的回程误差一般不应超过最大允许误差绝对值的 1/2。（×）

4．压力单位是一个导出单位，是一个具有专门名称的导出单位。（√）

5．压力表轻敲位移不大于最大允许误差的绝对值。（×）

6．测量氨气的压力表的分度盘上表示横线的颜色为红色。（×）

7．1psi=6894.76kPa。（×）

8．检定结果不合格的压力表可出具检定证书。（×）

9．检定压力表时，选择的标准器的最大允许误差绝对值应不大于被检仪表最大允许误差绝对值的 1/4。（√）

10．测量上限值不大于 0.25MPa 的压力表时，传压介质一般为

液体。（×）

11．压力随时间的变化超过静压所规定的限度的变化叫动压。一般又将非周期变化的压力叫脉动压。（√）

12．帕斯卡（Pa）的物理意义是：1N 的力作用于 $1m^2$ 面积上所产生的压强。（√）

13．压力变送器的检定周期可根据使用环境条件、频繁程度和重要性来确定，一般不超过半年。（×）

14．压力变送器是一种将压力变量转换为可传送的标准化输出信号的仪表。（√）

15．压力变送器的输出信号可为电压、电流、电阻信号。（×）

16．采用两线制的压力变送器，无需电源就可以工作。（×）

17．差压变送器低端通大气时，高端测试压力为表压力。（√）

18．静压影响只适用于差压变送器，并以输出下限值和量程的变化来衡量。（√）

19．0.05 级压力变送器首次检定时，其回程误差不大于输出量程的0.05%。（×）

20．差压变送器的高压容室和低压容室在出厂时可以不作记号。

（×）

21．重力加速度为固定数值 $9.80665m/s^2$。（×）

22．当绝对压力低于大气压力时的绝对压力称为真空度。（√）

23．真空表是用于测量负压的压力表。（√）

24．当绝对压力小于大气压力时，绝对压力与大气压力之差称为负压力（也称疏空或真空表压力）。（×）

25．液体压力的基本公式为 $P=\rho gh$。（√）

26．任意两个相关压力之差称为差压。（√）

27．在检定环境条件下，压力计电源端子对机壳间的绝缘电阻不低于 10MΩ。（×）

28．数字压力计的零位漂移在 1h 内不大于最大允许误差绝对值。

（×）

29．测量绝对压力的数字压力计最大允许误差按照量程百分数计算。（×）

30．周期稳定性检定仅针对准确度等级为 0.05 级及以上数字压力计。（√）

31．根据压力的定义，其基本公式为 $P = F/S$。（√）

32．根据压力的基本公式，压力与所承受力的面积成正比，而与作用力成反比。（×）

33．压力单位帕斯卡的定义与测试地点的重力加速度有关。（×）

34．静止流体中任意一点各个方向的压应力都相等。（√）

35．压力控制器的切换差为下切换值与上切换值之差。（×）

36．压力控制器的检定周期一般不超过 1 年。（√）

37．切换差不可调的压力控制器，其切换差应不大于量程的 20%。（×）

38．输入压力上升时，使压力控制器产生控制或报警信号时的压力值称为下切换值。（×）

39．切换差可调的压力控制器，其最小切换差应不大于量程的 10%。（√）

40．检定压力控制器的标准器的量程应大于控制器控压范围上限值。（×）

41．矩形膜盒压力表的指针应紧靠止销并压住零分度线。（×）

42．有调零装置的精密压力表，在示值检定前允许调零，在检定结束后也可调零。（×）

43．压力表检定至测量上限时应切断压力源耐压 2min。（×）

44．2.5 级压力表的示值误差比 1.6 级大一些。（×）

45．测量负压是在大气压力大于绝对压力的条件下进行。（√）

46．一般压力表的检定项目有外观、示值误差、轻敲位移、回程误差、指针偏转平稳性等。（√）

47．根据我国法定计量单位，压力的单位是帕（斯卡），它是基本单位长度、质量和时间的导出单位。（√）

48．压力单位帕（斯卡），是 1N 的力垂直均匀地作用在 $1m^2$ 的面积上所产生的压力。（√）

49．新制造的压力表应均匀光洁、无明显剥脱现象。（√）

50．氧气表必须标以蓝色“禁油”字样。（×）

51．弹簧式一般压力表指针指示端应能覆盖最短分度线长度的1/2～2/3。（×）

52．弹簧式一般压力表指针指示端的宽度应不大分度线的宽度。（√）

53．压力表测量的气体介质，有氧气、氢气、氨气、氯气、乙炔和其他可燃性气体，还有惰性气体等。（√）

54．一般压力表的准确度等级有 0.4、2.5、1.6 级和 4 级。（×）

55．压力表的示值应按分度值的 1/10 估读。（×）

56．数字压力计的最大允许误差计算是按量程和准确度等级百分数的乘积。（√）

57．液体压力计常用的工作介质有纯水、纯汞和乙醇。（√）

58．弹性元件压力表工作原理是根据胡克定律，即弹性元件受外力的作用。（√）

59．由于毛细现象，液体压力仪器中，汞的液面成凸状，而水的液面成凹状。（√）

60．一般压力表检定应在环境湿度不大于 50%时进行。（×）

61．活塞式压力计的测量误差，是以压力计测量上限的 10%为界，当压力值高于 10%上限时，则按各测量点压力值计算测量误差。（×）

62．压力表按其所测介质不同，应将表壳、补圈或表盘涂以不同的颜色，以示区别。（√）

63．弹簧管式压力表的传动机构装有螺旋形游丝，其作用是消除扇形齿轮与中心轴齿轮间的齿合间隙。（√）

64．一般弹簧管压力表利用传动机构，其指针可以旋转的角度为180°。（×）

65. 1.6 级一般压力表的测量上限的 90%～100%允许误差按测量上限乘以 1.6 级的百分数换算。（×）

66. 一般压力表的指针偏转平稳性应达到平稳，无跳动和卡住现象。（√）

67. 乙炔表应有蓝色的色标。（×）

68. 活塞式压力计主要组成部件有活塞系统、专用砝码和校验器。（√）

69. 因为直管的截面不均匀，所以一般使用玻璃管 U 形液体压力计，在读取液面差时，必须读出两个液面示值，否则示值不准。（√）

70. 当压力和环境条件保持恒定时，传感器在规定时间内由材料和元件等原因引起的输出量的偏移称为蠕变。（√）

71. 额定压力指膜片（或盒）产生设计所需最小位移时对应的压力。（×）

72. 残余形变指经过一个载荷循环并静置特定长时间后，弹性元件恢复至原始位置的现象。（×）

73. 由两种或两种以上的弹性元件或以弹性元件为主体另附加其他敏感元件构成的复合弹性敏感元件称为弹性复合元件。（√）

74. 弹性元件是利用材料本身的弹性及其结构特征来完成一定功能的元件。（√）

75. 在相同的规定工作条件下，在全测量范围内，同一测量点上正、反行程输出值的不重合程度称为重复性。（×）

76. 准确度为测量结果与真值偏离的程度，是随机误差的反映。（×）

77. 灵敏限指使仪表式传感器输出或显示值不明显变化的最大输入量。（×）

78. 灵敏度为仪表式传感器输出的增量与相应的输入量的增量之比。（√）

79. 活塞式压力计由于使用地点和环境的不同，其压力值也不同。（√）

80．活塞下降速度与活塞系统单边间隙的三次方成正比。（√）

81．为消除活塞式压力计活塞工作位置不准确引起的误差，常用气体介质替代液体介质。（×）

82．压力的定义公式为 $P=S/F$（其中 S 为面积，F 为力，P 为压力）。（×）

83．疏空是绝对压力。（×）

84．直接测量的量与被测的量之间有已知函数关系，从而得到该被测量的量值的测量方法称为间接测量法。（√）

85．大气压指地球表面上空气柱重量所产生的压力。（√）

86．在相同条件下，计量器具正、反行程在同一点示值之差为回程误差。（√）

87．压力量的法定计量单位是 kPa。（×）

88．一般工业压力表的表壳应涂以灰色。（×）

89．测量上限在 0.25MPa 以下的压力表，检定时应使用空气或氮气作为工作介质。（√）

90．双针双管压力表、耐腐蚀压力表、氧气压力表等属于一般用途压力表一类。（×）

91．用以测量一般气体、蒸汽及各种中性液体的压力表属于特殊用途压力表一类。（×）

92．量程为标称范围上、下限之差的模。（√）

93．对某级量程一定的仪表，其允许示值误差与示值大小有关，其允许示值相对误差与示值大小无关。（×）

94．弹性元件压力仪表的工作原理是弹簧管在压力作用下，产生弹性变形。（×）

95．当绝对压力小于大气压力时，则把该绝对压力称为真空度。（√）

96．乙炔瓶外表涂蓝色，字样颜色为大红色。（×）

97．氧气瓶外表涂白色，字样颜色为黑色。（×）

（四）填空题

1．根据我国法定计量单位，压力的单位是帕（斯卡），它是基本单位长度、质量和时间的导出单位。

2．压力单位帕（斯卡），是1N的力垂直均匀地作用在$1m^2$的面积上所产生的压力。

3．因为压力使用场合和条件不同，所以有各种不同的压力量，包括绝对压力、余压、大气压力、疏空、真空等。

4．一般压力表主要用于液体、气体与蒸汽压力和真空的测量。

5．氧气表必须标以红色、“禁油”字样。

6．一般压力表的示值应按分度值的1/5估读。

7．一般压力表的检定周期一般不超过半年。

8．压力的法定计量单位是Pa。

9．确定活塞式压力计的量值时，其主要影响因素应是重力加速度、专用砝码质量和活塞有效面积。

10．弹性元件压力表的工作原理是根据胡克定律，即弹性元件受外力作用，在弹性极限的范围内，弹性元件所受的作用力与形变成正比。

11．考核活塞式压力计的技术性能时，压力计活塞旋转延续时间越<u>长</u>越好，活塞下降速度越<u>小</u>越好。

12. 活塞式压力计主要组成部件有<u>活塞系统、专用砝码和压力校验器</u>。

13. 弹性元件压力表在弹性极限范围内受压力作用后，得到的负载曲线与卸载曲线，两者不重合的量值称为<u>弹性迟滞</u>。

14. 测量余压（表压）是在绝对压力<u>大于</u>大气压力的条件下进行。

15. 用mmHg为压力计量单位的液体压力计测定压力量值时，必须要进行<u>温度</u>和<u>重力加速度</u>的量值修正。

16. 活塞式压力计采用非法定计量单位时，必须进行<u>重力加速度</u>的量值修正；用法定计量单位时，两者的压力计专用砝码均需进行<u>空气浮力</u>的修正。

17. 测试压力传感器时，一般状态下确定其静态特性的主要指标有<u>重复性、迟滞和非线性</u>。

18. 测试压力传感器时，其输出电量有电压和<u>电流</u>，还有<u>频率</u>输出等。

19. 表示水柱压力量值的基本参数是水柱液面之间的高度差值，纯水在<u>实际温度</u>时的密度值，以及测试地的重力加速度。

20. 弹性元件压力仪表的弹性敏感元件种类包括单圈弹簧管、双圈弹簧管、螺旋形弹簧管、<u>膜盒</u>、<u>波纹管</u>和膜片。

21．活塞式压力计根据结构不同，可分为简单活塞式压力计、带承重杆活塞式压力计、带滚珠轴承活塞式压力计、具有反压活塞筒活塞式压力计、可控间隙活塞式压力计、带差动活塞的压力计和双活塞式压力真空计。

22．液体压力仪器由于毛细现象，其汞的液面成凸状，而水的液面成凹状。

23．因为直管的截面不均匀，所以一般使用玻璃管 U 形液体压力计，在读取液面差时必须读出两个液面示值，否则示值不准。

24．活塞式压力计的专用砝码应根据活塞式压力计的活塞有效面积及使用地重力加速度，且要考虑环境空气浮力影响，进行计算配制。

25．活塞式压力计的形变修正，体现在活塞式压力计的专用砝码上。

26．波义耳-马略特定律，是理想气体在等温条件下，气体的压力与体积成反比。

27．压力按测量方法及取零标准（参考压力）的方法可分为三类：绝对压力、表压力和差压力。

28．1 工程大气压等于 735.56mmHg，又等于 $10mH_2O$ 水柱。

29．按仪表的作用原理的分类，测压仪表通常可分为弹性式、液柱式、活塞式和电气式压力计四种。

30．液体压力计是利用<u>液体自重</u>产生的压力与被测压力平衡的原理而制成压力计。

31．活塞式压力计是利用被测压力作用在活塞下端面上的力与<u>活塞和砝码</u>的重力相平衡的原理制成的压力计。

32．弹簧管式一般压力表的回程误差不应超过被检表<u>最大允许误差的绝对值</u>，轻敲表壳所引起的指示值变动量不得超过被检表最大允许误差的<u>1/2</u>。

33．为了保证弹簧管式压力表测量压力时的准确性和可靠性，对于稳定的压力，被测压力值不应超过压力表测量上限的<u>2/3</u>；对于脉动的压力，被测压力值应在压力表测量上限的<u>1/2</u>；一般情况下，被测压力值不应小于压力表测量上限的<u>1/3</u>。

34．在测量管道内介质压力时，<u>压力取出口的位置</u>；被测介质为蒸汽时，<u>应在工艺管道的两侧</u>；被测介质为液体时，<u>应在工艺管道的下部</u>。

35．当压力表的安装位置与取压口不在同一水平位置时，压力表的示值必需修正，其值取决于<u>位置的高度差与被测介质的重度</u>。

36．电厂使用的液体压力计常用的工作介质为<u>汞和水</u>。

37．对有故障压力表的处理程序应当是：<u>检定、判断、修理、再检</u>的过程。

38．双针双管压力表、耐腐蚀压力表、氧气压力表等属于<u>特殊用途</u>一类压力表。

39．测量余压（表压）是在绝对压力<u>大于</u>大气压力的状态下进行的。

40．测量疏空（负压）是在大气压力<u>大于</u>绝对压力的状态下进行的。

41．由压力公式 $P=F/S$ 可知，压力与作用面积成反比，<u>即面积越大所受到的压力越小，面积越小所受到的压力越大</u>。

42．氧气压力进表油时，可用<u>沸水或四氯化碳</u>清洗。

43．大气压指地球表面上<u>空气柱重量</u>所产生的压力。

44．数字压力计按数据读取方式可分为<u>直接读取型</u>和<u>存储回放型</u>。

45．差压数字压力计静压零位误差不超过<u>最大允许误差的绝对值</u>。

46．用于绝压测量的数字压力计应有<u>明确的标识</u>。

47．在交流供电的检定环境下，数字压力计电源端子对机壳之间的绝缘电阻应不低于<u>20MΩ</u>。

48．0.05 级数字压力计作为标准器使用时，必须满足<u>年稳定性合格</u>的要求。

49．准确度等级为 0.1 级及以下的数字压力计检定点不少于<u>5 个点（含零点）</u>。

50．压力变送器主要用于<u>工业过程压力参数的测量和控制</u>。

51．压力变送器通常由<u>感压单元、信号处理、转换单元</u>组成。

52．压力变送器按感压原理可分为电容式、谐振式、压阻式、力（力矩）平衡式、电感式、应变式变送器。

53．压力变送器按不同测压类型可分为正压变送器、负压变送器、差压变送器、绝压变送器。

54．0.05 级压力变送器首次检定回程误差不超过输出量程的 0.04%。

55．0.05 级压力变送器后续检定回程误差不超过输出量程的 0.05%。

56．差压变送器的高压容室和低压容室应有明确标记。

57．压力变送器密封性检查时，压力下降（或上升）不应超过测量压力上限值的 2%。

58．检定准确度等级为 0.05 级压力变送器的标准器组时，其引入的扩展不确定度不应大于被检变送器最大允许误差绝对值的 1/3。

59．压电式传感器是利用压电效应的一种传感器，主要压电材料为石英。

60．压力变送器输出连接方式分为二线制和四线制。

61．压力控制器的设定值为希望发生控制或报警的输入压力。

62．压力控制器的切换差为同一设定点上切换值和下切换值之差。

63．压力控制器绝缘强度应满足，在环境温度 15℃～35℃，相对湿度 45%～75%条件下，接线端子与外壳及互不相连的接线端子之间承受 1.5kV，历时 1min 不发生击穿和飞弧现象。

64．压力控制器检定用的配套设备包括造压器、真空泵、校验台、发讯装置、绝缘电阻表、耐电压测试仪。

65．差压是某任意点作为基准零点得到的两个压力之差。

66．压力随时间变化超过静压规定限度的变化称为动压。一般将非周期变化的压力称为变动压，将不连续变化大的压力称为冲击，作周期性变化的压力称为脉动压。

67．液体压力计是基于流体静力学原理，利用液柱高度产生的力去平衡未知力的方法来测量压力的仪器。

68．弹性式压力计的弹性敏感元件形变的大小与作用的压力呈线性关系。

69．电测式压力计是通过转换元件将压力变为电量来测量压力的仪器。

70．压力量值传递图是根据各类压力仪表测量范围、准确度等级、工作用途、压力量值传递次序等，绘制成的图表。

71．弹性元件式精密压力表指示端刀锋应垂直于分度盘，并能覆盖最短分度线长度的 1/4～3/4。

72．检定 0.1 级、0.16 级、0.25 级精密压力表，要求环境温度为（20±2）℃。

73．检定 0.4 级、0.6 级精密压力表，要求环境温度为（20±3）℃。

74．精密压力表真空测量上限的检定点应按当地大气压 90% 以上选取。

75．有调零装置的精密压力表，在示值检定前允许调零装置，但在整个检定过程中不允许调整精密表零位。

76．进行精密压力表指针平稳性检测时，用目力观测指针的偏转情况。

77．经检定低于原准确度等级的精密表，允许降级使用，但必须更改准确度等级的标志。经检定高于原准确度等级的精密表，不允许升级使用。

78．精密压力表的检定周期根据使用环境和使用频繁程度确定，一般不超过 1 年。

79．活塞式压力计的活塞有效面积周期变化率检定主要为了保证作为相应等级的压力计满足长期稳定性的要求。

80．活塞式压力计的活塞有效面积周期变化率为检定得到有效面积与上一周期检定值的差值绝对值与有效面积比值的百分数。

81．数字压力计主要用于气体、液体压力的测量。

82．测量绝对压力时，数字压力计最大允许误差应按照测量范围上限计算。

83．用于差压测量的数字压力计压力输入端口应有<u>高压（H）和低压（L）</u>标志。

84．计量器具控制包括<u>首次检定、后续检定、使用中检查</u>。

85．0.1级及以下数字压力计环境温度要求为<u>（20±5）℃</u>。

（五）简答题

1．活塞式压力计的误差来源有哪些?

答：（1）上一级标准器具的传递误差。

（2）经过检定，活塞式压力计的活塞有效面积误差。

（3）专用砝码质量误差。

（4）温度变动引起的误差。

（5）重力加速度误差。

（6）活塞形变产生误差。

（7）安装不垂直误差。

2．简述液体内部的压力关系。

答：容器内盛液体，液体如果自上而下分成若干层，则每一层液体都有其自身的重量。例如第二层液体要受到第一层液体的压力作用，同样往下的液体，要受到上面几层液体的压力作用，即液体内部的压力是：液体深度越深，则压力越大；而同一水平面上的液面，所受到的压力相等。

3．国际单位制中的压力单位是什么？它是如何定义的?

答：国际单位制中压力的单位是帕（斯卡），其单位符号是Pa，是我国压力的法定计量单位。它定义为：1N力垂直且均匀地作用在$1m^2$的面积上所产生的压力。

4. 请简述活塞式压力计的工作原理。一般情况下该表计应进行哪些修正?

答: 活塞式压力计是根据流体静力平衡原理和帕斯卡原理设计的，即流体压力作用在活塞有效面积上所形成的力，与施加于活塞上端的专用砝码重力相平衡，此两力方向相向作用。一般情况活塞式压力计应进行空气浮力修正砝码质量，温度变动的修正，高压须进行活塞形变修正。

5. 活塞式压力计所使用的工作介质有哪些要求?

答: 由于活塞式压力计的核心部分，即活塞及活塞筒不易加工，控制间隙比较困难，又要求尽可能提高活塞式压力计的灵敏度，因此使用工作介质以黏度值低的液体比较好。低黏度值液体不仅能提高压力计的灵敏度，还增加旋转延续时间，有利于测试比对，特别是对较高压力量程的活塞式压力计，国际间趋向于采用低黏度的工作介质。但低黏度的工作介质会使活塞下降速度增快，甚至影响测量，因此需提高机械加工的精确度。

6. 活塞式压力计工作时为什么要规定活塞的转速?

答: 活塞式压力计工作时，若转速太快，由于专用砝码连同活塞有偏心力，造成力的不平衡，容易使活塞偏斜，造成活塞与活塞筒壁直接接触摩擦，并且初速虽快，但旋转速度往往很快地慢下来。若转速太慢，甚至接近于静止状态会使活塞间的流体由动摩擦逐渐变成静摩擦，从而产生误差。因此，规程 JJG 59—2007 中对活塞旋转速度做出规定，以避免旋转速度过快或过慢对测试结果造成影响。

7. 简述弹性元件压力仪表的工作原理。

答: 弹性元件压力仪表的工作原理是弹簧管在压力和真空作用下，产生弹性变形引起管端位移，其位移通过机械传动机构进行放大，传递给指示装置，再由指针在刻有法定计量单位的分度盘上指出被测压力或真空量值。

8. 简述氧气压力表的油脂检验过程。

答：将纯净的温开水注入弹簧管内，经过摇晃，将水甩入盛有清水的器具内，如水面上没有彩色的油影，则认为没有油脂。

9. 氧气压力表去油脂有哪些方法?

答：当发现氧气压力表有油脂时，可注入四氯化碳或烧热的碱水，反复多次冲洗可除去油脂。

10. 带检验指针的压力表如何检定?

答：先将检验指针与示值指针同时进行示值检定，并记录读数，然后使示值指针回到零位，对示值指针再进行示值检定。各检定点两次升压示值之差均应不大于允许误差的绝对值。示值检定中，轻敲表壳时检验指针不得移动。

11. 用标准活塞式压力计检定一只满量程的 10MPa 的压力表时，当标准值为 5MPa 时，压力表的示值为 4.99MPa；当标准值为 10MPa 时，压力表的示值为 10.01MPa，则此压力表的相对误差、绝对误差、引用误差分别是多少?

答：在校准点 5MPa 时

压力表的绝对误差 $\delta_{绝}$=4.99MPa−5MPa = − 0.01（MPa）

相对误差 $\delta_{相}$ = − 0.01MPa/5MPa×100% = − 0.2%

引用误差 $\delta_{引}$ = − 0.01MPa/10MPa×100% = − 0.1%

在校准点 10MPa 时

压力表的绝对误差 $\delta_{绝}$=10.01MPa−10MPa=0.01（MPa）

相对误差 $\delta_{相}$=0.01MPa/10MPa×100%=0.1%

引用误差 $\delta_{引}$=0.01MPa/10MPa×100%=0.1%

12．一台活塞式压力计在安装时由于未调水平，导致承重底盘与活塞杆中心线有一偏角为 40′，求由此而产生的测量误差。

答： $\delta=(1-\cos\theta)/\cos\theta=(1-\cos40')/\cos40'=(1-0.9999)/0.9999=0.0001=$ 0.01%。

13．水压机小活塞面积为 5cm²，大活塞的面积为 100cm²，如在小活塞上施加质量为 10kg 的重物，则大活塞上将产生多大力？（g = 9.8N/kg）

答： 小活塞上的作用压力为

$$p_1=mg/S=10\times9.8/(5\times10^{-4})=19.6\times10^4\ \text{(Pa)}$$

根据帕斯卡定律，大活塞和小活塞压力相等

$p_2 = F/S = F/(100\times10^{-4}) =19.6\times10^{-4}$，则 $F =19.6\times10^4\times(100\times10^{-4})=$ 1960（N）

14．什么是压力？大气压力、绝对压力、表压力、负压力（疏空压力）是如何定义的？

答： 垂直均匀地作用于单位面积上的力称为压力。大气压力为地球表面上大气自重所产生的压力，又称气压。绝对压力为以完全真空为零标准（参考压力）表示的压力。表压力为以大气压力作零标准表示的压力，当绝对压力大于大气压力时，它等于绝对压力与大气压力之差。负压力为绝对压力低于大气压力时的表压力，它等于大气压力与绝对压力之差，又称疏空压力。

15．写出液体静力平衡方程式并说明其物理意义。

答：

$$P = P_b+\rho gh$$

其中：P 为距液体自由表面为 h 处的静压力；P_b 为大气压力；ρ 为液体密度；g 为当地重力加速度；h 为液体内距自由表面的深度。

该方程式说明液体的静压力随距自由表面深度的增加而增加，在同一水平面上各点的静压力均相等，即等压面为水平面。

16. 简述弹簧管式压力表的工作原理及组成部件。简述传动机构中各零部件的作用。

答：弹簧管式压力表的工作原理：弹簧管在压力的作用下，其自由端产生位移，并通过拉杆带动放大传动机构，使指针偏转并在刻度盘上指示出被测压力值。

弹簧管式压力表主要由带有螺纹接头的支持器、弹簧管、拉杆、调节螺钉、扇形齿轮、小齿轮、游丝、指针、上夹板、下夹板、表盘、表壳、罩壳等组成。

传动机构中各零部件的作用：拉杆，将弹簧管自由端的位移传给扇形齿轮；扇形齿轮，将拉线位移转换成角位移，并传给小齿轮；小齿轮，带动同轴的指针转动，在刻度盘上指示出被测压力值；游丝，使扇形齿轮和小齿轮保持单向齿廓接触，消除两齿轮接触间隙，以减小来回差；调整螺钉，改变螺钉的位置，用以改变扇形齿轮短臂的长度，达到改变传动比的目的；上、下夹板，将上述部件固定在一起，组成一套传动机构；传动机构，又称为机芯是压力表的心脏，它的作用是将弹簧管自由端的位移加以放大，达到易于观察读数的目的。

17. 什么是弹性元件的残余变形？其对压力的测量有何影响？

答：残余变形有三种情况：

（1）弹性元件在压力作用下产生变形，当压力除去后，弹性元件不能恢复到原来的形状，这种变形叫塑性变形。

（2）弹性元件在交变压力的作用下，容易产生应力而疲劳，造成弹性元件的损坏，压力除去后，不能恢复到原来的形状，这种变形叫疲劳变形。

（3）弹性元件长期承受压力的作用，也会产生疲劳，当压力除去后，弹性元件不能恢复到原来的形状，这种变形叫弹性元件的蠕变。

上述三种变形总称为弹性元件的残余变形。

残余变形对于弹性式压力表来说是不允许存在的，因为弹性元件的残余变形必将导致压力仪表测量误差的加大或仪表的损坏。

18. 简述弹簧管式一般压力表的示值检定项目、对标准器的要求及对检定时的环境温度和工作介质的规定。

答：弹簧管式一般压力表的示值检定项目有：①零位误差；②示值误差；③回程误差；④轻敲位移；⑤耐压检定。

检定时，标准器的最大允许误差应不大于被检压力表最大允许误差绝对值的1/4。检定时环境温度为（20±5）℃。对测量上限值不大于0.25MPa的压力表，工作介质须为空气或其他无毒、无害、化学性能稳定的气体。

19. 简述使用弹簧管式一般压力表测压时，量程和准确度等级选取的一般原则。

答：弹簧管式一般压力表通常是用于现场长期测量工艺过程介质的压力，因此，选择压力表时即要满足测量的准确度要求，又要安全可靠、经济耐用。当被测压力接近压力表的测量上限时，虽然测量误差小，但长期在测量上限压力下工作，将会缩短表计使用寿命。当被测压力在压力表测量上限值的1/3以下时，虽然压力表的使用寿命长，但测量误差较大。为了兼顾压力表的使用寿命和具有足够的测量准确性，通常在测量较稳定的压力时，被测压力值应处于压力表测量上限值的2/3处。测量脉动压力时，被测压力值应处于压力表测量上限值的1/2处。一般情况下被测压力值不应小于压力表测量上限的1/3。选取压力表的准确度等级时，能满足工艺过程对测量的要求即可，不必选用过高的准确度等级。

20. 弹簧管式压力表为什么要在测量上限处进行耐压检定？其耐压检定的时间是如何规定的？

答：弹簧管式压力表的准确度等级主要取决于弹簧管的灵敏度、弹性后效、弹性滞后和残余变形的大小。而这些弹性元件的主要特性，除灵敏度以外，其他特性只有在其极限工作压力下工作一段时间，才能最充分地显示出来。同时，可通过耐压检定检验弹簧管的渗漏情况。

根据 JJG 49—2013《弹性元件式精密压力表和真空表检定规程》，弹簧管式精密压力表在进行示值检定时，当示值达到测量上限后，耐压 3min。据 JJG 52—2013《弹性元件式一般压力表、压力真空表和真空表检定规程》，弹簧式一般压力表在进行示值检定时，当示值达到测量上限后，耐压 3min；弹簧管重新焊接过的压力表应在测量上限处耐压 10min。

21. 如何调整弹簧管式压力表的线性误差？

答：当弹簧管式压力表的示值误差随着压力成比例地增加时，这种误差称为线性误差。产生线性误差的原因主要是传动比发生了变化，只要移动调整螺钉的位置，改变传动比，就可将误差调整到允许的范围内。当被检表的误差为正值，并随压力的增加而逐渐增大时，将调整螺钉向右移，减小传动比；当被检表的误差为负值，并随压力的增加而逐渐增大时，应将调整螺钉向左移，增大传动比。

22. 压力变送器包括哪些检定项目？

答：检定项目包括：①外观；②密封性；③示值误差；④回程误差；⑤绝缘电阻；⑥绝缘强度；⑦差压变送器静压影响。

23. 数字压力计包括哪些检定项目？其检定装置系统由哪些组件构成？

答：检定项目包括：①外观；②绝缘电阻；③零位漂移；④稳定性；⑤静压零位误差；⑥示值误差；⑦回程误差。

检定装置系统由压力标准器、压力源、三通接头、连接管道构成。

24. 什么是弹性元件的弹性后效、弹性滞后？其对弹簧管压力表的示值有何影响？

答：当弹性元件停止加负荷或完全卸荷后，弹性元件不是立刻完成相应的变形，而是经过一段时间后才能完成相应的变形，这种现象叫作弹性元件的弹性后效。

弹性元件在弹性极限范围内，负荷缓慢变化时，进程和回程的负荷特性曲线不重合的现象，称为弹性元件的弹性滞后。

弹性元件的弹性后效和弹性滞后是不可避免的，并在工作过程中同时产生。由于它们的存在，造成了测压仪表的测量误差，特别在动态测量中更不允许出现。因此，在设计时，采用较大的安全系数、合理选择材料、考虑正确的结构及加工和热处理方法，来减少弹性后效和弹性滞后现象，对弹簧管式精密压力表尤为重要。

25. 一般压力表的外观要求包括哪些方面？

答：（1）压力表应装配牢固，无松动现象。

（2）压力表可见部分应无明显的瑕疵、划伤，连接件应无明显的毛刺和损伤。

（3）用于测量氧气、氢气、乙炔及其他可燃性气体的压力表，应在分度盘上标出被测介质的名称和被测介质的颜色警示标记。在采用颜色标记时，应在分度盘上、压力表名称下面画一标示横线，氧气压力表还必须在分度盘上标以红色“禁油”字样。

26. 压力控制器的定义和工作原理是什么？

答：压力控制器是工业过程测量与控制系统中控制压力的一种专用仪表，当输入压力达到设定值时，通过输出触头的通断作用起到对被控压力的控制和报警作用。其工作原理为当输入压力达到设定值时即可进行控制或报警。

27. 压力控制器的检定设备包括哪些？如何选择检定用的标准器？

答：检定设备包括标准器、压力源、真空泵、校验台、发讯装置、绝缘电阻表、耐电压测试仪。

检定用的标准器可选择数字压力计、精密压力表、活塞式压力计等，所选择的标准器的最大允许误差绝对值应小于被检控制器重复性误差允许值的1/4。标准器的量程需覆盖控制器控压范围上限时的上切换值。

28. 如何进行压力控制器设定点偏差的检定？

答：将系统管道压力排空，逐渐加压，当标准器的指示压力接近设定点时缓慢增加输入压力至触点动作，此时标准器的压力值为上切换值。缓慢减少压力至触点动作，此时标准器的压力值为下切换值。按照此方法进行3个循环，计算上切换值和下切换值的平均值。实际测得的上（下）切换值平均值与选定的设定值之差与量程之比的百分数即为设定点偏差。若控制器的设定值控制的为上切换值，则设定点偏差为实测的上切换值平均值与设定值之差；若控制器的设定值控制的为下切换值，则设定点偏差为实测的下切换值平均值与设定值之差。

29. 简述JJG 544—2011《压力控制器》中对压力控制器切换差的规定。

答：切换差为同一设定点的上切换值与下切换值之差。若生产厂家对切换差有要求的按生产厂家提供的指标，若生产厂家没有提供切换差的指标可按以下要求：①切换差不可调的控制器，其切换差应不大于量程的10%；②切换差可调的控制器，其最小切换差应不大于量程的10%，最大切换差应不小于量程的30%。

30. 简述JJG 544—2011《压力控制器》中对压力控制器绝缘电阻的技术规定。

答：压力控制器在环境温度为15℃～35℃，相对湿度为45%～75%

的条件下，下列端子之间的绝缘电阻应不小于 20MΩ：①各个接线的端子与外壳之间；②互不相连的接线端子之间；③触头断开时，接线触头的两接线端子之间。

31. 简述 JJG 544—2011《压力控制器》中对压力控制器绝缘强度的技术规定。

答：压力控制器在环境温度为 15℃～35℃，相对湿度为 45%～75% 的条件下，控制器各接线端子与外壳及互不相连的接线端子之间，施加频率为 45～65Hz，电压按下面内容规定试验，历时 1min 不发生击穿和飞弧现象：①各接线端子与外壳及不相连的接线端子之间承受 1.5kV；②触头断开时，接线触头的两接线端子之间承受 3 倍额定工作电压。

32. 如何进行压力控制器重复性误差的检定?

答：将系统管道压力排空，逐渐加压，当标准器的指示压力接近设定点时缓慢的增加输入压力至触点动作，此时标准器的压力值为上切换值。缓慢减少压力至触点动作，此时标准器的压力值为下切换值。按照此方法进行 3 个循环，计算上切换值和下切换值的平均值。同一检定点 3 次测量所得的上切换值之间最大差值的绝对值和下切换值之间最大差值的绝对值与量程之比的百分数为重复性误差。

33. 压力控制器有哪些分类?

答：①按感压元件的类型分，可分为膜片式、膜盒式、波纹管式、弹簧管式和活塞式；②按切换差是否可调分，可分为切换差可调型和切换差不可调型；③按设定点是否可调分，可分为设定点可调型和设定点不可调型。

34. 压力控制器首次检定和后续检定中的应检项目包括哪些?

答：控制器首次检定应检项目包括标识、外观、控压范围、设定点偏差、重复性误差、切换差、绝缘电阻、绝缘强度。后续检定应检项目包括标识、外观、控压范围、设定点偏差、重复性误差、切换差、绝缘电阻。

35. 压力控制器准确度等级分类有哪些？写出 0.5 级和 1.0 级控制器的设定点偏差的允许值和重复性误差允许值。

答：控制器的准确度等级可分为 0.5 级、1.0 级、1.5 级、2.0 级、2.5 级、4.0 级。0.5 级控制器设定点偏差允许值为±0.5%，重复性误差允许值为 0.5%；1.0 级控制器设定点偏差允许值为±1.0%，重复性误差允许值为 1.0%。

36. 简述 JJG 875—2019《数字压力计检定规程》的适用范围。

答：该标准适用于测量范围为（−0.1～500）MPa，测量压力包括正压、负压、差压、绝对压力数字压力计的首次检定、后续检定和使用中的检查。

37. 数字压力计的工作原理是什么？

答：数字压力计主要用于气体、液体的压力测量。工作原理为当被测压力经传压介质作用于压力传感器上，压力传感器输出相应的电信号和数字信号，经信号处理单元处理后在显示单元直接用数字显示出被测压力的量值。

38. 数字压力计的计量性能要求包括哪些？

答：数字压力计的计量性能包括示值误差、回程误差、零位漂移、周期稳定性、静压零位误差。示值误差不得大于最大允许误差值；回程误差不得大于最大允许误差绝对值；零位漂移在 1h 内不得大于最大允许误差绝对值的 1/2；周期稳定性只针对 0.05 级及以上的数字压力计，相邻两个检定周期之间的示值变化量不得大于最大允许误差绝对值；静压零位误差只针对差压数字压力计，不超过最大允许误差绝对值。

39. 如何选择检定数字压力计的标准器?

答：标准器的测量范围应大于或等于数字压力计的测量范围，压力标准器的最大允许误差绝对值应不大于被检数字压力计最大允许误差绝对值的 1/3；在检定 0.05 级及以上的数字压力计时，若选用活塞式压力计或补偿式微压计作为压力标准器，压力标准器的最大允许误差绝对值应不大于被检数字压力计最大允许误差绝对值的 1/2。

40. 数字压力计检定环境具体有哪些要求?

答：（1）环境温度要求，0.02 级及以上的压力计为（20±1）℃，0.05 级的压力计为（20±2）℃，0.1 级及以下的压力计为（20±5）℃。

（2）相对湿度不大于 75%。

（3）压力计所处的环境应无影响输出稳定的机械振动和磁场等干扰因素。

41. 数字压力计的检定点如何选取?

答：根据 JJG 875—2019《数字压力计检定规程》规定，准确度等级为 0.05 级及以上的数字压力计检定点不少于 10 个点（包含零点）；准确度等级为 0.1 级及以下的数字压力计检定点不少于 5 个点（包含零点），所选取的检定点应较均匀地分布在全量程范围内。准确度等级为 0.05 级及以上的数字压力计，升压、降压（或增压、疏空）检定循环次数为 2 次；准确度等级为 0.1 级及以下的数字压力计检定循环次数为 1 次。

42. 简述检定数字压力计前的准备工作及要求。

答：（1）被检数字压力计需在检定条件下放置 2h，使标准器和被检数字压力计达到热平衡状态。准确度低于 0.5 级的数字压力计可缩短放置时间，一般为 1h。

（2）根据被检数字压力计实际使用工作介质选择检定用工作介质。工作介质为气体时，介质应清洁、干燥；工作介质为液体时，介质应考虑制造厂推荐的或送检指定的液体，尽量使导管中充满工作介质。当数字压力计明确要求禁油时，应采取禁油措施。

（3）检定前，调整检定装置和数字压力计的（安装）位置，尽可能使两者的受压点在同一平面上。当两者的受压点不在同一平面上时，因工作介质高度差引起的检定附加误差应不超过数字压力计最大允许误差的 1/10，否则应进行附加误差修正。

43．简述差压数字压力计静压零位误差检定方法。

答：将差压数字压力计的高压端（H）和低压端（L）相连通，施加额定静压的 100%压力，待压力稳定后，读取静压零位示值，连续重复进行 3 次检定。差压数字压力计静压零位误差不超过最大允许误差的绝对值。

44．如何进行数字压力计零位漂移检定?

答：首先将数字压力计通电预热 30min，如数字压力计有调零装置，在通大气的条件下将初始示值调为零，记录数字压力计初始显示值，在 1h 时间内，每隔 15min 记录一次显示值，各个显示值与初始显示值的差值中，绝对值最大的数值为零位漂移。绝压型数字压力计不要求做零位漂移检定。

45．单向差压数字压力计和双向差压数字压力计的示值误差检定有什么区别?

答：单向差压数字压力计示值误差检定时，将低压端（L）通大气，高压端（H）与检定装置相连接，进行示值误差的检定。双向差压数字压力计示值误差检定时，先将低压端（L）通大气，高压端（H）与检定装置相连接，检定正向压力量程；再将高压端（H）通大气，低压端（L）与检定装置相连接，检定负向压力量程。

46. 如何进行数字压力计的绝缘电阻的检定?

答：在环境温度为15℃～35℃、相对湿度为45%～75%时，断开电源，使数字压力计的电源开关置于接通状态，将电源的正、负端短接，用绝缘电阻表测量电源端子与机壳之间的绝缘电阻，测量时，应稳定5s后读数。

47. 简述数字压力计周期稳定性的检定方法。

答：周期稳定性的检定只针对0.05级及以上的数字压力计。首先进行通电预热，如数字压力计有调零装置，在通大气的条件下将初始示值调为零，对压力计进行正、反行程一个循环的示值检定，各检定点正、反行程示值与上个周期检定证书上相应的检定点正、反行程示值之差的最大值为该压力计的周期稳定性。

48. 简述分离型数字压力计的组成和结构。

答：分离型数字压力计由压力模块和主机两大部分组成。压力模块和主机分为两体，通过专用电缆连接。压力模块内有压力传感器、单片机、A/D转换器、温度传感器等。主机部分包括电源、单片机、运算放大器、A/D转换器和显示器等。主机和压力模块之间采用数字通信。分离型数字压力计的主机可根据需要配接不同的压力模块，以满足不同量程被测仪表的需求。

49. 简述整体型数字压力计的组成和结构。

答：整体型数字压力计由压力传感器、温度传感器、电源、运算放大器、模数转换器和显示器组成，压力传感器和数显仪表为一个整体，结构紧凑，方便携带。整体型数字压力计配套压力真空泵，可同时实现压力或真空的输出与测量，这种数字压力计常称为数字压力校验仪。实验室需配置多台不同量程的整体型数字压力计以满足不同量程被测仪表的检定。

50．数字压力计使用与维护中应注意哪些方面？

答：（1）选择数字压力计时应根据被测仪表选择相应的量程或模块，加载压力和卸载压力应尽可能平稳，避免因压力过载损坏数字压力计。

（2）数字压力计使用前需要通电预热，预热后在输出端通大气条件下进行调零。

（3）数字压力计应定期检定，以确保其测量准确性。

（4）配有内置电池的数字压力计长期不用时应及时充电，使用交流电源时应保持电源的稳定。

51．压力变送器的工作原理是什么？

答：压力变送器是将压力变量转换为可传输的标准化信号的仪表，其输出信号与压力变量之间有一定的连续函数关系（通常为线性关系）。其工作原理为通过某些转换元件按照一定的规律将压力信号转换成可用的输出电信号，该信号经放大，变为可传送的、统一的标准化输出信号。

52．压力变送器输出的标准化信号一般为哪些？

答：压力变送器输出的标准化信号一般为（0～10）mA、（4～20）mA和（1～5）V等直流电信号，还可以为符合各种通信协议要求的数字量信号和具有特殊规定的其他标准化信号。

53．如何选择检定压力变送器的标准器？

答：检定变送器时需将测量压力的仪器和测量直流电信号的电学仪器组合成套方可完成检定工作，成套后的标准器组在检定时引入的扩展不确定度应不大于被检压力变送器最大允许误差绝对值的1/4；准确度等级为0.05级的压力变送器，引入的扩展不确定度应不大于被检压力变送器最大允许误差绝对值的1/3。

54. 检定压力变送器的环境条件要求有哪些?

答: (1)环境温度:准确度等级为0.05级和0.075级的压力变送器环境温度要求为(20±2)℃,准确度等级为0.1级及以下的压力变送器环境温度要求为(20±5)℃。温度变化率不大于1℃/min。

(2)相对湿度:不大于80%。

(3)所处环境无影响输出稳定的机械振动。

(4)检定区域内无明显的气体流动。

(5)所处环境无影响正常工作的磁场。

55. 某型号绝压变送器压力量程范围为(50~150)kPa,大气压为100kPa,检定该绝压变送器时,发现只要通电,仪表就有12mA输出。这种现象正常吗?

答: 绝压变送器测的是绝对压力,仪表测量范围(50~150)kPa,即输入50kPa绝对压时,仪表输出为4mA;输入150kPa绝对压时,仪表输出为20mA。仪表在大气压下,即输入100kPa时,仪表输出为(20mA−4mA)/(150kPa−50kPa)×(100kPa−50kPa)+4mA=12mA。现仪表输出正好为12mA,所以该现象正常。

56. 如何进行压力变送器密封性检查?

答: 连接系统管道,平稳地升压(或疏空),使压力变送器测量室压力达到测量上限值(或当地大气压90%的疏空度),关闭压力源,保压10min,观察是否存在泄漏现象,在最后5min内通过观察压力表示值或通过观察变送器输出信号的等效值来确定压力值的变化量。差压变送器在进行密封性检查时,高压容室和低压容室连通,同时施加额定工作压力进行观察。

57. 压力变送器的检定点应如何选择?

答: 检定点应按变送器量程基本均匀分布,一般应包括上限值、下限值在内不少于5个点,0.1级及以上准确度等级的压力变送器应不少于 9 个点。绝压变送器的零点应尽可能小，一般不大于量程的 1%。

0.1 级及以下的压力变送器进行 1 个循环检定，0.1 级以上的压力变送器应进行 2 个循环检定，强制检定的压力变送器应至少进行 3 个循环的检定。

58. 如何检定差压变送器静压影响?

答: 将差压变送器高压容室和低压容室连通，连接管道通大气，在大气压状态下记录变送器下限输出值，缓慢加压至额定工作压力，在额定工作压力下记录变送器下限输出值，静压影响引起的下限输出值变化量为大气压下的下限输出值与额定工作压力下的下限输出值之差的绝对值与变送器满量程输出值的百分比。

59. 简述二线制和四线制压力变送器的区别。

答: 变送器输出信号与电源的连接方式分为二线制和四线制两种。二线制变送器只与两根导线连接，这两根导线既是电源线又是信号线，同时传送变送器所需的电源电压和输出电流。四线制变送器包含两根电源线和两根输出信号线。二线制变送器可以节省电缆，铺设时只需一根穿线管道，相比四线制变送器具有成本低和安全性高的优点。

60. 压力变送器外观检查时需要注意哪些方面?

答:（1）压力变送器应结构完整，装配牢靠，不能有影响计量性能的锈蚀和损伤，有数字显示单元的压力变送器其数字显示应清晰，不得有缺画现象。

（2）变送器上应标明型号、出厂编号、测量范围、准确度等级、工作电源等，防爆用途的压力变送器还应有防爆标志。

（3）差压变送器的高压容室和低压容室应有明显的标志。

（4）变送器的电源端和信号输出端有明确的区别标志。

61．简述压力变送器用途和分类。

答：压力变送器是一种将压力变量转换为可传送的标准化输出信号的仪表，而且其输出信号与压力变量之间有一给定的连续函数关系（通常为线性函数）。压力变送器主要用于工业过程压力、差压和流量的测量和控制。在石油、化工、冶金、轻工、粮油、食品、储运、航天、航空、航海等领域广泛使用各种类型的变送器。高精度、高稳定度的差压变送器常用于流量测量的贸易结算中。

压力变送器有电动和气动两大类。电动的标准化输出信号主要为（0～10）mA 和（4～20）mA［或（1～5）V］的直流电信号。气动的标准化输出信号主要为（20～100）kPa 的气体压力。有特殊规定的还有其他标准化输出信号，如（0～50）mV 等。

62．压阻式传感器中陶瓷压阻工作原理是什么？

答：将压敏电阻以惠斯顿电桥形式与陶瓷烧结在一起。压力直接作用在陶瓷膜片的前表面，使膜片产生微小的形变，厚膜电阻印刷在陶瓷膜片的背面，连接成一个惠斯通电桥（闭桥），由于压敏电阻的压阻效应，使电桥产生一个与压力成正比的高度线性、与激励电压也成正比的电压信号。

63．单晶硅谐振式传感器的工作原理是什么？

答：在单晶硅芯片上采用微电子机械加工，在其表面的中心和边缘制作两个形状、大小完全形同的 H 形谐振梁，采用电磁激励和电磁拾振方式工作，输出为频率信号，抗干扰能力强，稳定性好，不需 A/D 转换，既能测量绝压，也能测量差压。

64．简述压力变送器示值误差和回差检定方法。

答：从下限开始平稳地输入压力信号到各检定点，读取并记录输出值直至上限；然后反方向平稳改变压力信号到个各检定点，读取并记录输出值直至下限，这为一次循环，如此进行两个循环的检定。

强制检定的压力变送器应至少进行上述三个循环的检定。在检定过程中不允许调整零点和量程，不允许轻敲和振动变送器；在接近检定点时，输入压力信号应足够慢，避免过冲现象。

65. 采用石英波登管的数字压力计有哪些优点?

答：石英波登管传感器是一种特殊力平衡式的传感器。石英具有优异的机械特性、低迟滞、极好的重复性，以及优异的长期稳定性。通过测量波登管的末端位移，可确定压力的大小。

66. 活塞式压力计日常维护需注意哪些方面?

答：（1）应经常保持压力计清洁，压力计不放在湿度过大的环境中，以免锈蚀。

（2）快速接头和活塞筒下端O形圈较易损坏，若发现泄漏应予以更换。

（3）油杯中液面应经常高于油杯过滤器罩子上端面，若一时疏忽，空气将进入预压泵中，造成预压泵失效。这时应拧松预压泵进油接头，使空气随液体流出。

67. 活塞式压力计使用时有哪些要求?

答：（1）用汽油（或专用清洗剂）对活塞压力计的活塞系统、压力泵、油杯、管路进行反复清洗（需要时）。清洗完毕待汽油全部挥发后，注入清洁的工作介质。

（2）活塞压力计应安置在便于操作，牢固无振动的工作台上，台面用坚固的材料制成。除放置压力计和砝码外，台面上还应留有适当的空间方便记录和放置必要的工具。

（3）活塞压力计须用水准器进行调整，使承重盘平面处于水平位置，同时保证活塞杆的垂直度。

（4）活塞压力计使用时应缓慢升压和降压，如急速加、减压力不仅会冲击活塞，而且会造成危险。特别是在活塞有负荷的情况下，用打开油杯阀门进行减压，则更具危险，这种操作应当禁止。

（5）活塞上加、减砝码时，应轻拿轻放。砝码应卡入槽中，若砝码偏心，不仅会引起测量误差，而且会加速活塞系统的磨损。

（6）使用活塞压力计时，应按顺时针方向以（30～60）r/min初速度转动砝码，并使活塞对准工作位置。